我们与我们的城市

五原路口夏夜即景

三明治 001

我们与我们的城市

We and Our City

李梓新 —— 主编

中国三明治

中信出版集团 · 北京

策划：中国三明治团队　　　　策划编辑：黄维益

主编：李梓新　　　　　　　　责任编辑：张刚

文字编辑：李依蔓　　　　　　营销编辑：蔡静 刘姿琪

　　　　　万千　　　　　　　封面设计：**奇文雲海 Chival IDEA**

　　　　　张奕超

摄影：李希尔

平面设计 & 编排：赵婉露

网站：www.china30s.com

微信公众号：china30s

图书在版编目（CIP）数据

三明治：我们与我们的城市 / 李梓新主编 . -- 北

京：中信出版社，2017.7

ISBN 978-7-5086-7430-8

I. ①三⋯　II. ①李⋯ III. ①成功心理－通俗读物

IV. ① B848.4–49

中国版本图书馆 CIP 数据核字〔2017〕第 080683 号

三明治：我们与我们的城市

主　　编：李梓新

出版发行：中信出版集团股份有限公司

　　　　　（北京市朝阳区惠新东街甲 4 号富盛大厦 2 座　邮编　100029）

承 印 者：中国电影出版社印刷厂

开　　本：787mm×1092mm　1/16　　印　张：14.75　　字　数：164 千字

版　　次：2017 年 7 月第 1 版　　印　次：2017 年 7 月第 1 次印刷

广告经营许可证：京朝工商广字第 8087 号

书　　号：ISBN 978-7-5086-7430-8

定　　价：58.00 元

不触摸城市的肌理，是一种浪费

城市是一只大鸟。幸好它的肌理可以容我们条分缕析，细细触摸。

不懂得去触摸那些肌理的人，对城市是漠视的、浪费的。

世界最美妙之处在于它的同步性，你在精心打扮妆容，导演正在构思一部电影，众多文艺青年在准备开咖啡店。这样，我们一天天增加了城市肌理里的某些隐秘存在。

我最喜欢的一件事，就是在搬到一个街区之后，不用靠手机里的地图，而是靠自己的脚步，一个个门牌寻访过去。一些地图里空白的地块，可能开出了有意思的小店，还没来得及更新，或者也长久被忽略。那些一直"不配"上地图的缝纫店、钥匙店、理发铺，更是有趣的所在。你能读到时间在这个街区停留的痕迹。

三年前，当中国三明治刚把故事公园安在上海五原路的时候，在一个昏黑的傍晚，我走到五原路常熟路口，看到一块小黑板上写着："小季在里面，拷边撬边，修换拉链。"我被那种民间智慧式的押韵逗乐了。为我们所在的街区勾勒一张自己的人文地图，也很快成为我的计划。

在五原路，我发起了一个小店主们的微信群，叫"五原路五百强"，虽然大家日常说话不多，却是一个有趣的街坊群体。这个自发形成的美好街区，在我们的镜头和笔下，所能呈现的不足一二，这也是我们这本小书做得很慢的原因。一方面，想记录些什么的责任在心头，另一方面，却又贪心地想多塞点什么，怕跟不上这条小路每天发生的微小变化。

在中国，有众多的地方像五原路这条小马路一样，正在发生着蓬勃的变化，但是鲜有人去长期细致记录。作为中国三明治和中信出版社系列合作 mook（杂志书）的第一本，我们想用这本书来开一个好头，鼓励大家多多记录"在地"题材，因为它是最复杂的社会切面，有生活方式，有个人命运，有历史碎片，有未来再造……

在这本书里，我们把大陆、台湾乃至全球的在地故事汇聚到一起，不仅接上各种地气，更重要的是可以读到有人味的故事。

所有的东西都有人味，也是城市最大的魅力。

希望大家喜欢。

李梓新

中国三明治创始人

2017 年 4 月

目录

「五原路透社」

"午后仍然明晃晃的太阳透过梧桐树那些长长手臂的空隙洒下阳光，留下斑驳的影子，像一张张艺术画。"

「五原路透社」

"五原路的马路很窄，窄到十字路口的斑马线，只够画上9条。"

WUYUAN

「五原路透社」

"五原路上最常出现的五种人：收废品的老奶奶，在弄堂口维持治安的爷爷，匆匆走过的欧洲帅哥，骑自行车载小孩的洋妈妈，风驰电掣的快递小哥。"

文艺街区：

五原路

序 | 美好社区的自发形成和挑战

文 | 李梓新 摄影 | 李希尔

在上海每一个晴朗的白天和夜晚，只适合与五原路这样的小路斯磨。

这里有美好的咖啡馆和果汁店，文艺而幽深的私密工作室，闲得发呆的胡同看门大爷，辛勤缝补的裁缝，用自行车驮着一大堆鲜花到处售卖的阿姨，穿街走巷收破烂的小贩。夜晚，睡了一个白天连招牌都不挂的酒吧开始隐秘地热闹起来，马路上的临时烧烤摊也一点都不违和。

在一个被"厨房三件套"地标高楼遮蔽的城市，一个被全球图景宏大想象劫持的城市，她的真实生活存在于这些梧桐树下的小马路上。

在五原路，每一个人都是平等的。

五原路这样的小马路不适合开车，开车不见得比骑车快。所以开车人没有在大马路上一骑绝尘的神气。自行车和路人使这里的社区有一种儿时生活的熟悉感。还好，原有的一切没有都被互联网和新楼房冲刷掉。路人中大约有三四成是各国人士，他们丝毫没有游客感，这里也是他们生活的街区，一切都平等得刚刚好。

大概这是世界上很多大城市老城区的标准味道，可置身于中国这个急速变化的摇篮中，变迁和碰撞在所难免，只有在这里待上一段时间的人才能深刻体会。

在2016年夏天的一场市政运动当中，平素安静与世无争的五原路，经历了一次大改造。

「五原路透社」

"坐在五原路 96 弄的院子里，几乎每天早上都能听见一个回收旧物的人吆喝，和我童年最熟悉的吆喝声'回收旧报纸、空调、洗衣机'不一样，他回收的是'旗袍、毛主席画像和旧家具'。每次总是很想冲出去看看他有什么好货。"

老邓的Spicy Moment 湖南菜餐厅开在五原路路头靠近常熟路的地方，已经有七八年历史，生意不错，平时也有不少明星光临。老邓是湖南人，有些江湖气概，双眼炯炯有神。他最近收养了一条德国魏玛犬，棕色的狗身，瘦长，乖顺地听着这个刚刚15天的新主人吩咐，或坐或立或趴下。

"地铁1号线有两个节点，一个是人民广场，那是政府所在地，一个就是常熟路，老法租界的核心。"

"徐家汇？乡下地方！"

这是他心目中的上海地理。

就是这样的老邓，也对突然到来的改造运动没有办法。"托了关系去问，知道是最上头的主意。所以该拆的还是要拆。"Spicy Moment 原来的靠窗座位有两米宽，连同顶棚都要被拆掉，变成露天的。"他们说这属于加盖，等于违章，可事实上20多年都没人说有问题。"

↑ | 老邓和他的狗

← | 老邓在自己
的店中

老邓对面的茶室"清凉肆"，女主人涂家淇说话柔声静气的，已经驻扎在这里四年。"清凉肆"是属于她自己古色古香的小工作室，虽然在新天地附近的兴安路还有一家更大的店，但她就是喜欢待在五原路。20平方米的房间点着香，用考究的茶具泡几杯清茶，古筝乐悠悠地传来。窗外偶尔有人好奇驻足观看一番，间或三两好友来坐坐，临走可能买些茶叶或茶具带走。做的就是熟人生意，或者说是一种默契和交情。

但这个小天地，瞬间也被破坏了。得知要接受改造，把原来几乎看不出来的顶棚拆掉时，涂家淇发了条朋友圈，说连续举办三天流水茶席，请邻居来喝茶，同时表示"我们不会走，我们还会留下来的"。

改造完毕，窗户往里移了一两米。窗外几乎是毛坯的白墙，一堆建筑垃圾堆在那儿，和屋里的古色古香极不搭调。恰巧有几天下大雨，涂家淇回来一看，地板都进水翘起，踩上去嘎吱嘎吱的。也就在那个时刻，她决定要搬走了。

房东倒也没为难她。租约未满没关系，还有人排着队要租呢。虽然经过改造，店里的使用面积比原来小了七八平方米，但好像也找不到降价的理由，加上这次改造属于不可抗力，大家也都理解。

没过几天，当我再次路过的时候，新租客请来的装修工人已经把里面原有的老门板拆去了，你看不出这里曾经是一个小茶室。又过几天，一块"悟空租房"的蓝色牌子竖了起来，里面都是穿白衬衣打电话的中介，墙壁白惨惨的，和任何一个房产中介的空间并无二致。而且，他们已经在热火朝天地打电话谈业务了。

有些痕迹，很容易就被抹去了。

「五原路透社」

"五原路和乌鲁木齐路十字路口的便利店，店员是一对夫妻，男的很热情，说话的时候一个句子的尾巴音调总是上扬。我爱便利店。"

二

很多时候，我骑一辆单车从头到尾穿过五原路，从临近武康路的功德林素菜馆开始，经过扬州剃头师傅杭国强开了 20 多年的波美美发店，经过建筑设计师刘宇扬隐藏在 281 弄里的建筑设计室。

经过 212 弄的竹露荷风工作室时，可以看见早年是鼓手、现在是上海最大独立音乐厂牌公司的老板颜旸。他会经常到路对面的 TE AMO 面包店买一杯咖啡，店主小哥黄淼洪可能和妈妈刚刚新鲜出炉了一箱面包，也可能正在去自己经营的 Airbnb 的路上。

跨过中分五原路的乌鲁木齐中路之后，我会经过果篓，这间由桂林米粉店改造而来的果汁店代表了美好社区的自我升级，小小的店铺还经常组织各种展览。经过 Meng Cafe，这家整条五原路面积最小的咖啡店每周二晚上会有电影放映。

如果我是在数十年前来到这里，我还会看见一座尖顶的圣公会教堂，也就是今天老邓的餐厅所在地。三毛漫画的作者张乐平从 288 号的弄堂里穿出来，或许他刚又完成了一幅作品。“钢铁大王”朱恒清曾住在 283 号独立花园洋房里，经过“文革”浩劫，他在 1982 年回到这里，洋房已经破败不堪。

而在竹露荷风所在的弄堂里，在上海解放前夕，中共地下党曾经在这里的洋房策划如何迎接解放军。

「五原路透社」

“五原路上有一家服装店，生意看上去不怎么好，店里总是亮堂堂的。之所以判断生意不怎么好，是因为店主总是坐在橱窗边看书。”

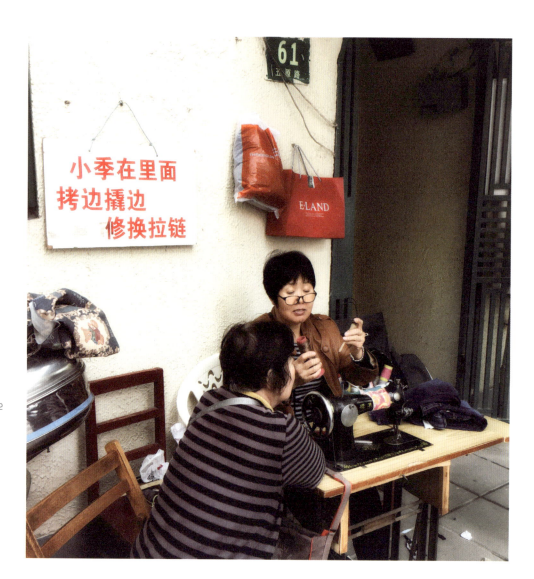

「五原路透社」

　　"五原路上有一个邮筒，在五原路和乌鲁木齐路的十字路口。现在寄信的人变少了，我们也是在对它熟视无睹大半年后，中间还曾跑去邮局寄过一次信件，然后某天忽然发现原来在五原路上就有邮筒。"

　　"五原路的马路旁有两个孤单的垃圾桶，隐藏在停在路边的轿车后面。这条路上的人们总是悄无声息地光临这里，垃圾桶是什么时候满的，永远不得而知。"

上海解放之后，一批南下干部住进了五原路。他们的儿女中，有后来成为作家的陈丹燕。她在《永不拓宽的街道》一书中用一个章节记叙了五原路：

这是一条充满了规规矩矩的日常生活气息的小街。即使是在 1971 年的夏天，在五原路上还可以看到，小孩子提着家里的热水瓶，去华亭饮食店打一瓶生啤回家给爸爸妈妈喝，只花一斤面条的钱。

——陈丹燕《五原路：亡者遗痕》

那时的电影明星也在这里出现。

在五原路乌鲁木齐路路口泰伦百货当过 27 年营业员的林小妹在接受媒体采访时说，达式常、杨在葆都住附近。达式常总是来去匆匆，买了东西便走，当时他有许多女影迷，怕被人认出了脱不了身。而杨在葆则要随意得多，夏日的时候，他常常会穿着件黑乎乎的圆领汗衫，趿着双拖鞋，逛进店里，同她们闲聊。秦怡也会来店里买东西，她永远是一张很优雅的笑脸，买东西也不挑剔。

再后来，文艺青年开始居住在这条路上，比如从小喜爱音乐的李泉，还有写下著名的《上海宝贝》的卫慧。她在 20 世纪 90 年代末花 20 万元在五原路买下了一套房子，里面有一大间书房兼客厅，一小间卧室，外加一个阁楼。

从四面八方流浪到上海的文艺青年，也因缘际会地把五原路当成落脚点。出生于河南的刘健 16 岁到广西边境当兵，被部队推荐到北京的解放军艺术学院读书，两年之后，他却提前退学了。他想写有自己风格的文字，做自己喜欢的音乐。在退伍之后走投无路的情况下，他在北京抓阄决定自己的去向。用四个纸团写上东南西北，但是他一把抓了两个纸团，打开后是"东"和"南"，于是他阴差阳错地来到北京东南向的上海。

到了上海之后，他和美国女记者 Rebecca 相识并结婚，两个人生了一对混血儿女。在五原路 84 弄里住了四年，他们搬到了旁边的乌鲁木齐路上。刘健的工作室还在五原路 96 弄里。他习惯在夜间写作，一直写到天明，再回家睡到中午。

五原路的弄堂里，文青气质从来没有断过。

↑ | 美美服装店

→ | 杭国强与妻子在店门口

三　20 世纪 90 年代中期以前，五原路被乌鲁木齐中路一东一西分成两个世界。东头是自由菜市场，卖鱼虾蟹等新鲜水产，每年夏季还有西瓜集市。而西头是优雅的"老克勒"世界，梧桐树掩映，Art Deco（装饰派艺术）、英式等各种设计风格的别墅优雅地立着。

1990 年初，当扬州剃头师傅杭国强来到五原路的时候，菜市场还存在着。他很幸运地在"钢铁大王"旧时别墅的附近租到一间六七十平方米的房间，命名为"波美"美发室。那时他年近三十，大儿子刚刚出生。

虽然理发室在五原路，但寸土寸金的"法租界"却不是轻易住得起的。杭国强一家住在近 20 公里外的闵行区报春路，在那里他拥有一套自己的房子和另外一间铺面。每天早上 6 点半，会开车的妻子要带上他和小儿子出门。因为外地车牌早上 7 点之后上不了高架，所以只能赶早。把儿子送到波美附近的世界小学入学之后，他们就开工了，一直要做到晚上 8 点才回家，因为那个时候，晚高峰过去，外地车牌又能上高架了，回家比较方便。

早早放学的小儿子一直留在波美靠近厕所的小隔间做作业。他可能不知道，等到一年后小学毕业，因为是外地户口，他可能无法再在上海上学了，得离开爸爸妈妈回到扬州老家去。

像杭国强这样的传统手艺人在五原路已越来越少。随着小资、小清新、网红等潮流在过去十年相继袭来，环境优雅、位置便利的五原路自然也成为开家小店的首选。房东们也纷纷把底楼开辟为商铺，租金年年见涨。一些传统的五金店、鞋店等也慢慢无法坚持下去了。

>> 025

↑↑ | 工作中的日常

与此同时，五原路迎来了一个自发式的文艺社区生长阶段。它不像附近安福路、武康路等声名在外的马路那么喧闹，也没有遍布的网红小店以及自拍的人群。"五原路是一条'藏'着的马路。"老邓说。作曲家谭盾、歌唱家黄英都住在五原路上，也是他 Spicy Moment 的常客。

果篓是五原路"文艺升级"的一个典型。它的前身是位于东段靠近乌鲁木齐中路的一个桂林米粉店，油乎乎地兼卖着盖浇饭。两年前，广告人卢丹和妻子幽草盘下这间店面，将其改造成一个被称为"上海最文艺的果汁店"，名字叫作"果篓"。门口的凉棚上是一个农夫背着果篓的 logo（徽标），旁边写着"大树底下好乘凉"。

店里除了提供各种秘方混合起来的果汁之外，还有来自中国台湾、新加坡等地的文艺杂志。果篓也出版自己的独立杂志，平时也举办草木染等展览。

>> 027

也有被现实打败的文艺小店。TE AMO 面包店隔壁，现在是一家"清美"美食店，主卖各种豆制品。一年多前，这里是一位读哲学的姑娘开的花店，店里摆着一架钢琴。姑娘性格有些腼腆，和顾客讲价都会有点不好意思。后来，店就开不下去了。

除了沿街店铺，弄堂里还藏着更多的小工作室。颜旸曾经是活跃在松江大学城的一名鼓手，毕业后在汽车行业工作，却不甘寂寞地在澳门路附近搞了一个 live house（小型演出场所）。很快，他发现现场音乐带来的收入并不能覆盖他每月 9 万元的房租，于是，他来到五原路 212 弄开设工作室，创办了"竹露荷风"音乐厂牌，代理了上海很多本土乐队，以及一些韩国乐队，已举办了多场音乐现场活动，成为上海最大的音乐机构之一。

「五原路透社」

两道和马路有关的线性几何题
五原路和下列哪几条马路相交：

常熟路
长乐路
乌鲁木齐路
武康路

五原路和下列哪几条马路平行：

安福路
长乐路
乌鲁木齐路

台湾人刘宇扬从哈佛大学建筑系硕士毕业，十年前辞掉香港中文大学的教职，到上海创办自己的建筑设计工作室。数年前，他幸运地租下五原路 281 弄弄堂里一座公共建筑，按自己的方式进行了改造。这是一个上下两层的建筑工作室，风格属中西混合，四周绿树掩映，还有小院子能够接纳四周流动的气息。

越来越多的工作室入驻弄堂深处，使五原路形成了独特的景观。巷弄里，本地居民洗衣淘浆、晾晒衣物，生活居所，和饱含文艺气息的一众工作室鸡犬之声相闻。刚开始可能有点相互陌生和不适应，久了倒也相处融洽。

一些老大妈也会在弄堂里聊天八卦，比如哪家人整幢楼出租，月租 6 万元，住的都是老外。但她们对自己的生活也算满意，虽然有的还住在陈旧的阁楼里，但多余的一个亭子间，还可以出租。比如那些在附近华山医院短期进修的外地医生，每个月花上 1500~2000 元，就可以拥有一个亭子间。如果他们会写点文字，可能又会在上海诞生一批像民国时期的"亭子间作家"。

只是，老大妈偶尔也会埋怨自己早年的失算：那时人人都不喜欢底楼的房子，潮湿。没想到风水轮流转，现在底楼的房子适合做工作室，吃香，能租出大价钱。

四

到了 2016 年初，五原路不分东段西段，整条路已经成为一个蓬勃生长的文艺社区。从最东端起，有 Spicy Moment 和 Fat Mama 两大餐厅对望，再过来是从 JaraJam 到 91 Coffee 的咖啡吧，和 ETIK 等一批独立设计师时装店。在西段，有流光艺文空间、"怒放先生"男士饰品店等占地较大的画廊和时尚店，和像 Hands 这样开在花园里的小古董店，以及颇有特色的塞尔维亚小酒廊。

每个周末，都有众多文艺人士在这里流连。

可是一场改造运动的突然到来，让五原路打了一个冷战。

这场涉及徐汇区整个老法租界区域的改造，始自离五原路不远的延庆路。五原路是第二条被整治的小马路，后来又蔓延到上海著名的酒吧街永康路，乃至复兴中路、陕西南路。众多被认为没有办过"居转非"执照的沿街店铺被强行封门。

一时间，马路成了拆迁工地。无论多么文艺的店面，都统统被封起来。很多经营者发现，房东并没有和他们提过，这些店面的资质可能存在问题。而在20世纪90年代初，"破墙开店"还曾被政府鼓励为一种"下岗再就业"的工程。只是那个时候的执照办理，存在模糊不清的问题，事后补办又非常困难。这么多年一直相安无事，但是运动一来，却毫无商量余地。

在永康路这样的酒吧街，比较有争议的话题是酒吧深夜扰民。但是这个问题在五原路其实并不明显。大家觉得政府可能是想下一盘大棋，想把整个街区收回统一规划，甚至还风闻同济大学设计院已经在开始设计和规划。

但是这种政府主导的"统一规划"并不被看好。因为百花齐放才是春，市场自然调节的方法是最自然的，一个古老社区也被新的文化元素赋予了活力，并开始在其中找到融洽相处的秘密。

刘宇扬举了一个例子，2016年初上海暴雪导致水管冻裂，很多老住户家里都停水了。刘宇扬的工作室就开放让大家过来自由取水。邻居也就对他们完全接纳了。

「五原路透社」

"81 弄卖手抓饼和冷面皮的阿姨，支付宝名叫'莉莉徐'，果然是一个非常符合道路气质的名字。"

文艺社区的形成也给五原路上的停车区域带来了好生意。老邓用停车位空余数量作为一个指标来衡量这个社区的热度。最早他来开餐馆的时候，车位多的是。后来车位捉襟见肘了。运动来了之后，车位又多了起来。

这一波改造运动，让很多租下店面并装修不久的店主面临被迫搬走的窘境。ETIK 服装店的门面被全封了，只留下一个小窗口；刚刚进驻几个月的 JARAJAM 咖啡也被迫匆匆搬走，但幸运的是它们几个月后又在五原路找到新地方。而像清凉肆、怒放先生、Miss Lu 等小店，都一去不复返了。还有一批门店，需要拆掉一部分地方，象征性地做出一个天井来。现在每一家店铺都在门口摆上了茶座。

见过风浪的老邓倒是乐观，他认为五原路不过"被蚊子咬了一口"而已，过一段时间还会复苏。

他的乐观也有些道理，"野火烧不尽，春风吹又生"。一个月后，有些被封的小店已经开了窗户开始售卖了。

刘宇扬认为治理是应该的，但程序上可以更透明一些。他列举了台北永康街文化社区的例子。它的附近也有不少违章建筑，也会有居民投诉。有关部门采用的是"之前合法，以后严打"的策略。这是整个社会的动态，如果后面盖的人少了，效仿的人也就少了。

"五原路其实还是一个乡村。每个人在某个地方待久了好像觉得自己也有话语权，其实每一个乡村都有它自然形成的规则，要充分尊重原住民的要求。但更多的人加入这个现代村落，也构成了城市丰富的风貌。"

"如果有一天发现五原路原来的小生意都做不下去，小面馆小杂货店都不存在了，那也就不对了，就像身体被'消毒'得太厉害了。身体也需要细菌去维持生态平衡。" >>> >>>

↑ | 刘宇扬在工作室

牌。

中国三明治
故事公园所在地

「五原路透社」

每天早上幽草走出地铁，拐弯踏进五原路，就好像回到了另一个家。经过一个报刊亭，再走到意大利小馆Fat Mama，还有总停在电话亭旁边的旧货摊主，弄堂里的叔叔阿姨坐在边上歇脚，这些老邻居都变成了熟人，幽草一路和他们打着招呼，就走到了位于五原路 124 号的自家果汁店"果篓"。

果篓的主人是卢丹、幽草夫妇，卢丹外号"卤蛋"，两年多前辞去干了九年的广告创意工作，成为果篓的全职专业店小二。幽草是"果汁娘"，笑容和声线一样甜糯柔软，大部分果汁都是她亲手制作的，以及时不时提供试吃的饼干、小食。他们四岁的女儿叫竺子，是店里的"首席果汁品鉴师"，自来熟的她常把进店的客人一把拉过去一起玩。

文 | 李依蔓 李虹亭 摄影 | 李希尔

→ | 一整篮的新鲜

果篓:

号称上海最文艺果汁店的日常

不过是水果榨成汁，能玩出什么花？

果篓的菜单跟着当季的蔬果走，卢丹和幽草根据时令搭配好当季的果汁单，一家人的大小嘴巴都要尝过并且说"嗯！"才能过关，比如开春的"阳桃黄瓜梨"，入夏的"甜菜胡萝卜西瓜"，浓秋的"桂花南瓜奶"，冬至的"肉桂山楂苹果饮"。而让女儿竺子特别满意的，还会作为"竺打款"推出。过了这个季节再来，再喜欢的味道也没有了。

除了果汁，幽草还常做些面点、蛋糕从家里带来，忍不住问喝果汁的客人："您想不想尝尝肉桂面包卷？""要不要试试我们烤的戚风蛋糕？""这是麦香面包，再加点卢丹自己做的黄桃酱？"

↓ | 幽草在店中

果篓小铺不大，一共 18 平方米。除去制作果汁的厨房空间，卢丹和幽草精打细算、左挪右挪，腾出靠近店门的 8 平方米空地，两面接近毛坯的墙面留作布置展览用。按照评估店铺实力的"平效"（分摊至每平方米的销售业绩）标准，果篓的空间设计是极奢侈的，两套桌椅原本并不在添置计划内，几个月后架不住客人"没地儿坐"的念叨，才不得不放上。

小木桌上，一盆新鲜剥开的橙皮散发着清新好闻的香气。做果汁剩下的果皮、果渣，有时会被做手工的客人预留，拿回家当纯天然的草木染材料，这些作品以"果实别漾"的主题成为果篓"八平展"的开幕展品。

果篓的书架上立着一本粉面桃花的小书，名曰《果篓小刊》，摸着，有纸的温度和质感，闻着有墨香。翻开第一本独立小刊，像是跟着背着果篓的农人翻山越岭，走到了一座村庄，看到炊烟，听到犬吠……

闭着眼睛喝一杯果篓果汁，能喝到"菜在地里生长，果实垂挂在树上"的味道。

从情人节和小年夜开始的"果篓"小铺

果篓小铺的店面，2015 年 2 月 17 号开始试营业，那一天是大年二十九，马不停蹄过了个年，初四全家人又回到店里忙。

当时的卢丹还是 Bartle Bogle Hegarty（百比赫）广告公司的创意总监，但他总有辞职经营一家果汁店的想法。"等我干到创意总监，我就辞职；等我拿到戛纳广告节金狮奖，我就辞职；等我……"他在等一个 perfect timing（最佳时机），也许是钱攒够了，也许是家里更有保障了，也许是自己预备好了。2015 年 7 月，和幽草、竺子去京都的一次旅行，成了卢丹辞职的临门一脚，这一脚让他觉得，没有所谓的 perfect timing，万事俱备的时刻是永远等不到的，心里的想法足够强烈，那无论如何就去做吧。

然而找店面并不是容易的事，几经折腾也没找到理想的地点。迟迟找不到令自己满意的果汁瓶，也成为影响开业进度的因素之一。五原路 124 号这家店面，卢丹当晚看了店，跟房东打过电话，第二天便定下来，第三天交定金，设计、装修了一个月。

2015 年 2 月 14 日情人节，家具进场，设备统统弄好，打扫完，正好是下午四五点，卢丹坐在门口的白瓷砖上，打量着店面，心里非常平静。"就像在长跑的时候，前半段我一直在跑，可是终点很远，当店弄好开张的时候，平静的感觉就是到了其中一个可以落脚的地方，这个地方我又很熟悉，我在那里停一停，享受一下当下，然后往前继续跑，跑接下来的这段路。"

"大树底的生活日常"

卢丹过了半年用正经工作赚钱"养着"果篓的日子，很多事情都要做到事无巨细，时间越来越不够用。他倒不觉得烦，"当我（在果篓）做到一半，我发现我还需要回去工作的时候，蛮难过的，我本来还想多做一会儿。"终于在8月中旬，卢丹结束了九年的广告人生涯，成为"果汁娘"幽草麾下的店小二。

卢丹辞职的一周后，一群香港的年轻朋友来店里玩。果篓的店里店外，只用一扇大的玻璃墙隔开，他们在玻璃墙上用白色涂料绘上了简单而深奥的图画，刚巧画完时天下起大雨，一群人抱着吉他坐在玻璃墙边的条凳上，轻轻弹唱起 John Lennon（约翰·列侬）的 Imagine，"Imagine all the people, living for today,

Aaa haa…"生活在五原路，是不需要看表的。店门口的行人脚步匆忙，便知道是八九点的上班时间。10点左右，住在附近的一位大爷端着紫砂壶茶杯，要去乌鲁木齐路上的一家社区服务中心看报纸，走过果篓时总会打个招呼。若买了菜，有时大爷还会专门探个脑袋进来，说："你看我买了青椒、萝卜，回家炒个素菜！"

到了每天下午6点，幽草在店里，耳朵会捕捉到外面传来的"哗"的一声，抬头，果然是街对面五金店里的夫妻关店了，拉下卷帘门，两人一同回家烧饭，每天如此，从无例外。

果篓门口停放着一辆自行车和一辆电瓶车，都没上锁。空调外机的风扇转着，水滴顺着塑料

管，滴滴答答落在贴着"果篓"标签的搪瓷罐里。隔一会儿，幽草从店里出来，俯身拾起地下的搪瓷罐，顺手用水冲冲店门口木条凳下面的地板，给几株绿色植物补些水分。

门口这辆自行车骑起来有些吃力，幽草只在附近骑一骑。比如，早上在家不知道吃什么好，到了店里，她就先骑上自行车，在五原路和旁边的乌鲁木齐中路逛逛，看看有什么可吃的，买回店里当早餐。有时，也用不着骑车，如果这天得在店里待到很晚，没时间去超市采购一家人的食物，幽草就先穿过对面小刘水果店门口的巷道，去里面的一个小菜市场看看，买一些新鲜的肉蔬，去早了，市场还有新鲜的鱼卖。

店门口上方是墨绿色的遮阳篷，上面印有一行白色的"大树底下好乘凉"。开门后，幽草会把长条凳放在门口，喝果汁的客人、路过的老人，都可以坐在上面歇歇脚，以至于常来休息的老人家如果要出远门，还会特地跑来和幽草说一声，"这段时间我会不在，不能过来啦"。

果篓不突兀的存在，总让人感觉，这家店的初衷不是赚钱。三两好友来店里小聚，还不到关门的时间，把门一掩，挂个小纸袋在门口，写着："竺子说，我今天不能跟你耍了，要休息了，明天再来吧。"他们也老是在客人走出店了，才像做错事似的轻声追问一句："请问您是不是忘了付钱？"有的客人来了不愿走，一杯果汁赖一天沙发，觉得店里的时间过得特别快。

一位住在附近的油画家，斜挎布包，骑辆电瓶车，几乎每天中午都来果篓买杯果汁，每次都咕咚咕咚在10秒内"一口闷"，聊上两句又骑着电驴风一样地走了。隔壁卖拖鞋家的小女儿，有天揣着攒了很久的零花钱，进店里买杯果汁，这是她计划了很久的一件事。店里的帮手凯铃请她坐在沙发上，榨了一瓶果汁让她带回家喝，又把多出来的果汁倒在小纸杯里，让她坐着尝尝。小姑娘捧着小纸杯，抿一口果汁，害羞地跟大家聊起天来。

对于果篓而言，说它"日常"，也许比"文艺"更让主人们感到开心。

→ | 幽草在店中

← | "大树底下好乘凉"

拿真心和实意，与光阴做交换

除了杯子，果篓的果汁还可以装在文字瓶里，瓶子上的文字是按主题向朋友们征集来的最佳答案。比如第一期是"关于果实的看法"，一位做编剧的朋友想了会儿，歪着脑袋给出了一句，"不过是拿真心和实意，与光阴做交换"。第二期是关于"什么是大自然"，他们从几十封反馈信里，选出了"世界只是动物园，你才是大自然"这份富有诗意的答案。

在果篓，除了能"换"到好喝的果汁，还有各种独立杂志和从天南海北淘来的CD光盘，以及经过家人味蕾检验的农人食品。书架上最显眼的 *LOST* 是一本旅行杂志，主编Nelson是卢丹的好朋友，同样住在五原路。还有来自台湾的《风土痔》《小日子》《蘑菇手帖》，讲台湾的风土人情，期望"凡事再多一点可能性，再多一点幽默感，再多一点生活乐趣"。一排CD里，最醒目的是以莉·高露美丽的脸庞，她左手种稻、右手写歌，伴着榨汁机的"圆舞曲"，轻声吟唱着《轻快的生活》。

来果篓喝果汁的客人越来越多，日子久了，新客人变成老客人，老客人变成了老朋友。有意思的客人们和果篓之间有交集，彼此间却不一定有交集。于是卢丹和幽草便有了创办"甜聊会"的想法，一月一期，让有故事的客人们聚在一起。

到了甜聊会时间，卢丹便关起店门，挂上"暂停营业"的牌子，一屋子人喝着甜甜的果汁，就着某个主题聊开去，欢乐的喧闹总引得过路人站在玻璃前驻足。第一期甜聊会的主题是童年，第二期是物件，第三期是台湾女孩维尼的剧本朗读会，她在几个月前光顾果篓，聊起自己缥缈的编剧梦，卢丹怂恿她写下自己的剧本，参加她梦想已久的比赛。于是半年后，辞了职的维尼盘着腿坐在一束耀眼的白炽灯灯光下，对着一屋子观众念完自己的第一部作品，紧张出了一脑门子汗。

最新的一期甜聊会，是果汁娘幽草做分享人，她和大家聊了聊旅行中让人流连忘返的"小店"。幽草很喜欢日本作家吉本芭娜娜，她在《食记百味》中写道："我可能太天真，认为这个社会有很多不是作为事业的店，不会变得富裕。我喜欢作为日常的店，或是作为款待的店。我喜欢把自己融入店里人的日常中。"

↑｜第三期甜聊会，台湾姑娘维尼在做人生第一场剧本朗读会

果篓的logo是一位戴着草帽、背着背篓的农夫剪影，英文名字Grooow谐音"果篓"，有英文grow（成长）的意思，中间的三个"O"又分别代表卢丹、幽草和他们的女儿竺子，这是一家人的果汁店。如今卢丹在做关于果篓的新设计时，也会问问竺子的意见，小姑娘趴过去仔细看，再有模有样地指点"这个好"。

"小店"这种城市间美妙的存在，让卢丹一家特别着迷。在日本京都，他们因为沉迷于那些动辄几十年、上百年的餐厅、书店，珍藏了三代人回忆的收藏馆，五天的时间还没游走出三条街的地域。小店主们对美感的专注和坚持，让卢丹想要在果篓里把一些缺失已久的东西找回来。

卢丹希望这间小小的果篓，至少能做到第二代吧。>>> >>>

来自“果篓”的开店经验
不要随随便便就想开个店

三明治：关于开店，你有什么特别的经验可以分享给那些有想开小店梦想的人吗？

果篓：不要动不动就想开个店……这是一件很辛苦的事，要说心得，就是坚持。以前隔壁有一个上海老阿姨开的私房菜馆，我们常去吃，她说得很好，店是要靠养的，要守着它，生意好的时候要在，生意不好的时候也要在，要不停地想新点子怎么让这个店更好，不希望大家把开店看成随随便便的事儿。

三明治：在经营果篓的过程中，有没有走过什么弯路？

果篓：其实有时候我不知道有的事算不算弯路，并没有明确的标准说这么做是对还是错。比如果篓没有足够多的座位和桌子，没有模式化的运营，从效率上看是“不对”的。但我们在力所能及的情况下，给客人营造了很舒服的消费体验，这又是“对的”。我也在寻找“对错”之间的平衡，希望有一天自己可以形成更明确的“就是要这样去做”的标准。

三明治：经营一家小店，还有宝宝需要照顾，这也是很难平衡的事吧？

果篓：我们的时间很有限，要同时照顾家庭和店面，有时会让人很纠结。有很多想在果篓里实现的事，有时因为需要分配时间给家庭，就会有拖延、有变化。刚开店的时候女儿才3岁多，每次到店里来还不习惯，总是待不住，想要我们带她出去玩儿。现在她慢慢有“爸爸妈妈有一家果汁店”的概念了，甚至会主动帮我们招呼客人，这是我们一家人的事。

↑ | "品鉴师" 竺子

↓ | 在门口歇脚的老奶奶

LOST:

五原路上这家杂志编辑部，只有一个人

文 | 万千　摄影 | 李希尔

我第一次见到 Nelson 的时候是在五原路上的一家咖啡店。他本人和微信上的卡通头像一样，两颊肉肉的，戴副眼镜，眼睛笑起来会弯成一条线，而他又特别爱笑。在倾听对方讲话的时候，Nelson 或许是出于礼貌，或许是早已形成了习惯，时不时就会点头、微笑，鼓励对方继续说下去。

身为新加坡人，Nelson 在纽约念完大学之后就来到上海工作，至今已经 6 年了。他的中文说得很流利，如果不是因为当我提到几个文绉绉的词汇时，他向我投来略带困惑的眼光，我几乎很难察觉自己面前坐着一个外国人。

"我很喜欢五原路的早上，听得到鸟叫声、回收废品的摇铃声和大妈们在楼下打麻将的声音。"Nelson 这么和我说。

Nelson 的家在五原路弄堂里一间老房子的三楼。因为房子是从独栋老洋房分拆成为不同户室的，每次上楼梯时都不可避免地要经过一楼的厨房。有时候邻居正在烧菜做饭的时候，Nelson 需要从他们身边"借过"才能上楼，这让性格有点腼腆的 Nelson 在刚搬进来的时候觉得有些尴尬。不过在多打了几次照面后，一楼的邻居有时候还会招呼他一起吃饭，Nelson 也快速地融入了亲密的邻里关系中。

自从 2016 年初辞职以来，他在五原路居住的这间房子，除了是他自己的家之外，还有另外一个身份——独立杂志 LOST 的编辑部。

虽说是编辑部，可是这本杂志的所有工作：编辑、设计、印刷、发行等全都是由 Nelson 一个人完成。而且这本杂志在创立两年的时间里面，已经从五原路这间小小的屋子出发，将发行渠道遍布在美国、英国、瑞士、荷兰等多个国家，还在米兰设计周、新加坡独立书展等场合亮相。

当我把手中这本沉甸甸、足有 300 多页的大开本杂志和面前这个笑容可掬的男生联系在一起的时候，却感觉这之间的联系有些"迷失"。待人亲切、能很快地融入不同文化的社会的 Nelson 为什么会创办一本杂志起名叫"LOST"？而这本看起来很文艺、很生活美学的旅行杂志又为什么可以收获这么多的关注？

原来我之前的人生都是旅行

在太平洋上，一艘从上海出发的新"鉴真号"轮渡行驶到了公海区域。Nelson 站在甲板上，发现自己在视野范围之内已经看不到陆地了，这种感觉有些奇异。整整两天时间，轮船上没有网络，没有想象中的游泳池，没有任何娱乐活动，整天只能睡觉、看海、放空。

将近 48 个小时，面对着一望无际的海洋，这是 Nelson 第一次真切地通过直观感受，体会到什么是"世界很大，人很渺小"。

↑ | Nelson 在店中

而在几个星期前，作为广告公司美术指导的 Nelson 还在看着各大航空公司的主页犯愁。因为他被同事提醒还有好多年假没有休，要临时找地方去旅行。可是那时候正好临近圣诞节，理想中的几个旅行地机票都很贵。忽然他像是发现新大陆一样，看到一条从上海到日本的轮渡路线，一年四季的票价都是统一的。

想到自己之前还从没有坐过 48 小时的轮船，既好奇又新鲜地订了船票去往日本旅行。这一趟旅行和以往跟着家人、朋友、旅行团的旅行截然不同。在上岸之后，Nelson 才意识到自己把自己抛到了一个语言不通、人生地不熟的地方。和电影《迷失东京》（Lost in Translation）很像，每天都被绮丽、新鲜而陌生的事物包围。

这是 Nelson 第一次感觉到自己在"旅行"。

回到上海后，他时常会想起在晃动的船舱里，睡得特别沉的时刻，仿佛那个时候虽然身体跟着船舶一起漂流在大海上，但是心灵比身体走得更远些。

于是在回到上海之后，Nelson 开始策划制作一本分享个人经历的旅行杂志，杂志名源自上次日本之行中诞生的灵感：LOST。

Nelson 之前因为求学和工作的缘故换过两次城市，每次都是在一个陌生的城市里重新学习游戏规则，重新开始自己的生活。Nelson 说："我也是在做了 LOST 之后，才发现自己之前的人生原来都是旅程，不断迷失，不断寻找。"

没有人以为这是本旅行杂志

LOST 每本足有 300 多页厚，中英双语，搭配大幅摄影图片。匆匆翻阅这本书，人常会产生这本售价 150 元的杂志是一本美学杂志的错觉，怎么也想不到这会是一本旅行杂志。

从日本旅行回来之后，Nelson 就开始向身边的朋友们征稿，他和朋友们说："怎么写都可以，但是一定要是个人的旅行故事。"

Nelson 认为市场上教大家该去哪里玩，去哪儿找好吃的，去哪儿住性价比最高的酒店的"旅游锦囊"已经太多了，他并不想看到只是介绍旅行目的地和分享实用型干货的文章，他更看重的是每个人在自己的旅行当中的真实经历，遇到了什么人，聊了些什么事情。

"我有位以前给《国家地理杂志》供稿的朋友，和我反馈说他不适应这么写游记。以前他都是把自己从旅行经历当中抽出来，而我要求的是每个作者把自己重新放回到自己的旅行经历当中。这里差别很大，后来很多人都和我说，他们爱上了 *LOST* 这样更个人化的旅行记录。"

除了内容不一之外，Nelson 向朋友征集而来的稿子还有一个显著的问题是语言不统一，既有中文，也有英文。Nelson 在一番思想挣扎之后，还是决定将每位朋友最原始的表达留存下来，同时翻译成另外一个语种。在同一页里，同时出现双语。

这并不是一个简单的决定，因为同时出现双语内容不仅直接扩大了一倍的排版工作量，而且要同时顾及两种语言的特性并在一页里编排好，这点也增加了设计的难度。

Nelson 一度认为这个选择有些冲动，甚至评价说，"这可能是自己在杂志设计上做得最糟糕的决策"。

↑ | Lost 杂志内页

但是当 LOST 已经出到第三期，并且在欧美国家的书店里也开始上架销售时，他发现保留双语或许是自己做得最好的选择。

在国外有很多外国读者很好奇中国人在看什么杂志，但是囿于语言障碍，他们读不到新鲜、生动、个人化的中国文字。于是 LOST 搭建起了这个桥梁，为国外读者提供了真实且质朴的中国旅行者写下的游记。

>> 053

现在回过头追忆杂志创刊的过程，Nelson 说："还好当时没有想太多，很多决定都是在冲动之下做出来的。如果太理性，可能就没有现在的 LOST 了。"

一本独立杂志要如何卖出去

还在广告公司的时候，Nelson 和朋友提起"我要做一本杂志"，朋友用一副惊异的神情回复他说："你是不是疯啦？"

Nelson 当时并不以为意，白天在广告公司上班，晚上回家就开始自己编辑、设计，"经营"着一家常常开张到深夜的杂志编辑部。

当第一期 *LOST* 印刷完成，Nelson 面对着房间里面垒得像小山一样高的书堆，想起了朋友当初的话，忍不住反问自己："我是不是疯了？"

为了消化这些"冲动的产物"，Nelson 开始联络书籍发行商。一开始 Nelson 找了几家新加坡的发行商，想请它们帮忙代发行杂志。但是发行商们在看了杂志的介绍之后问道："你确定这是一本旅行杂志吗？"

在意识到 *LOST* 很难和市面上的旅行杂志被归为同一类后，Nelson 有些茫然。如果说裸脊线装形式的设计和保留双语这两个特点是当时冲动下做的决定，那么在完全没有销售渠道的情况下，一次性印刷 500 本就更偏于疯狂了。

第一期杂志印刷完成的时候是 10 月底，上海即将进入冬天，Nelson 心里做好了最坏的预设："如果真的没有地方可以售卖的话，我就把这些杂志当作圣诞礼物送给朋友们。"

后来 Nelson 转变了自己的发行思路，他不再将重点聚焦在大型发行商上，而是从五原路出发，开始联系一些独立小店，希望能够以寄售或者小批量买断的方式销售 *LOST*。

近年来，独立小店如同雨后春笋一般，在上海市区地带纷纷开张营业。Nelson 发现，这些小店的主人和客人与自己杂志的读者群匹配度很高，都是厌倦了快餐文化，希望能够在生活中寻找自己的个性，喜欢花钱买精致、买情怀的人。

LOST 在上海的第一家销售渠道是位于长乐路上的月球咖啡，一家在路边只露出一个外卖小窗口，要进店门还需要走进旁边居民楼的铁门才能进去的文艺咖啡店。

但是这第一个销售渠道的打开像是撕开了包装袋的一角，找准了正确的缺口，接下来忽然变得轻松了许多。

有的店主持保守的态度，虽然表露了一定的兴趣，但是神色仍然有些犹豫。Nelson 就提出将杂志摆放在他们的店内做展示，可以让来这里享用咖啡的客人阅读，等到卖出一本后再结算。有的小店店主在看了 *LOST* 之后特别喜欢，直接买下了十几本。

Nelson 同时也在继续给国外的书商发电子邮件，介绍 *LOST* 杂志。如果对方感兴趣的话，就用国际快递寄过去。海外订单的订书量会比较大，每谈成一笔，都可以让 Nelson 兴奋上一整天。现在 *LOST* 在美国、英国、荷兰、德国、瑞典的书店都有售卖。

Nelson 有天在刷 Facebook（脸谱网）的时候，意外地看到一个朋友上传了一张在地铁上的照片。他不自觉地把脸凑近屏幕，惊喜地确认了自己的发现：照片中竟然有 *LOST*！

而后，他发现这样的"邂逅"越来越频繁地发生，那些原本和他一样躺在五原路老房子里的杂志，不知道经过怎样的缘分和巧合，出现在一个他之前从没想到的城市。对 Nelson 而言，这是最令他惊喜的时刻。

就这样，随着一家家销售渠道的铺设，*LOST* 的第一期竟然卖断货了，就连之后补印的 700 本也全部售出。Nelson 开始有了信心，*LOST* 第二期和第三期的起印量直接提高到了 2000 本。

最初，每天回家看着堆在角落垒得高高的杂志堆，Nelson 也曾感到焦急和失落，但是现在他已经习惯了这堆杂志的相伴，甚至有时候要寄出一本杂志还觉得有点恋恋不舍。因为他无法预料到现在自己手里的这本杂志之后会散落在茫茫人海的哪个角落。

但陌生而未知的未来，难道不正是旅行最吸引他的一个特质吗？

很高兴独立出版的形势好了起来

在和我见面的时候，Nelson 开口说的第一句话就是，"这已经是我今天喝的第四杯咖啡了"。

在 *LOST* 出第三期时，他辞去了广告公司的工作，开始全职投入自己的"编辑部"。

每天他睁开眼来的第一件事，就是检查电脑邮箱里有没有新邮件，因为常常有国外的客人在深夜下订单。如果有的话，一早就要安排寄出，因此邮局成了 Nelson 经常出没的地点之一。

有时，Nelson 也会利用白天的时间多看看上海一些新开的文艺小店，或许也能建立起合作的机会。毕竟，杂志销售渠道的铺设依然是最耗费精力的工作项目。

现在，*LOST* 不缺稿子，听 Nelson 说，"朋友们投递来的稿子，都已经准备到 issue 6（第六期）了"。而美术总监出身的他，对于杂志设计的工作也相当驾轻就熟，基本可以在一周内完成。

在做 *LOST* 之外，Nelson 也开始建立自己的设计业务。有不少独立品牌直接找到 Nelson，想要和他沟通品牌独立刊物或其他实体印刷物的相关项目合作。

就在 2016 年 7 月份，他和新的团队合作，推出了一本摄影刊物 *Brownie*，探讨摄影如何改变人们的生活，前段时间刚在上海无印良品旗舰店办了展览。

在谈及如何看待"纸书逐渐走向消亡的命运"这个观点，Nelson 持有的态度一如他的笑容一样乐观。

"这几年独立出版的形势好了起来，我很开心自己身处在这个浪潮中。虽然在这个时代，信息可以有很多线上传播渠道，但是实体印刷物依然有着非常旺盛的生命力。我相信将书捧在手掌中，闻闻墨香，这个行为作为人类的一种情感寄托，无法被完全取代。" >>> >>>

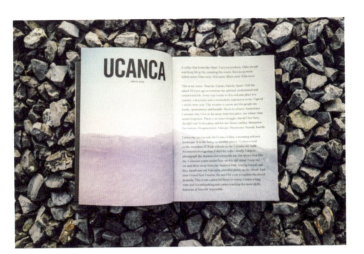

↑ ↑ ↑ | *Lost* 杂志内页

ETIK：

以北欧式的简单
　看五原路的人生

文｜黄紫薇　摄影｜李希尔

走在五原路上，你或许会对一面与众不同的墙感到奇怪。

本来是米黄色的小洋楼，底部却被涂上了大而明亮的色块，一扇窄窗下的水泥印子斑驳粗糙，仿佛这里刚经历过一场浩劫。温暖柔和的光从窗子里探出来，像母亲的手在轻抚伤口。

穿过墙下的棕色小门，你看见这光从深处一扇白色的门里流淌出来。走进门里，你感觉自己就像钻入兔子洞的爱丽丝，突然掉进了一个纯白的北欧世界——这里简单、明亮、干净、整洁，中间摆着一张长方形的白色桌子。墙边的木架子上，挂着大人和小孩的衣服。一旁的隔板上，放着家居用品和稚气的儿童简笔画。

Cathy 和她的瑞典男朋友 Magnus 一起经营着这里。我到访的时候，黑发的女生正垂着头在一块白麻布上缝缝补补，而一旁高瘦的金发男生正紧盯着电脑屏幕。门外，"民改非"整治队的工人正气势汹汹地要来封上他们家的大门，但两人仍是一副若无其事的样子，安静地做着自己的事。

Cathy 说："没办法，上天注定要你接受这一切，那你就接受它。以后好的事情等着你呢。你连坏的事情都接受不了，怎么能接受好的事情呢？"

"舒服就好"的衣服

"ETIK"是瑞典文，在英文中对应的词是"Ethics"，可以被翻译成"伦理"或者"道德规范"。在 Cathy 的字典里，它意味着任何事情都没有绝对的对与错，就看你自己有着怎样的判断。她说："你心里认为是对的，它就是对的事情。你心里认为是错的，它就永远是错的，不可能有对的时候。开心就好。"

↓ | Cathy 在店中

这样的理念，体现在服装上，就是朴素、自然、大方，选用天然的材料，没有多余的装饰。放眼望去，她店里挂着的衣服如出一辙地是这样的风格。质朴的颜色加上简洁利落的设计，构成了一件件小巧的儿童服饰，铃铛一样地挂在同样简单的一根木杆上。这间店除了代理北欧设计师的衣服，也会有 Cathy 自己的设计。采访时，她穿着自己做的一件墨绿色的裙子，有机棉材质的衣服款款地垂下来，像春天的森林里柔软的大叶子，娴静而优雅。

她说自己的设计理念就是"舒服就好，简单舒适就好，拿起来就穿就好。柜子里不需要太多的衣服，就是这几件就够了"。为此，她甚至没有在自己的衣服上打上 logo，因为她觉得 "这只是能穿的衣服而已"，不需要加注自己的设计。

在这样的描述里，你很难想象她曾是一名见过至少 3000 位设计师的时尚买手。她说："我以前合作过的非常有名的设计师，没人想到我会开一家这样的店，就是完全没有任何设计的店。"

不简单的买手经历

Cathy 的买手经历始于 6 年前。那时的她，刚开始做生意就被人骗。合伙人带着钱远走高飞，而她自己落得身无分文。她坐不起公交，只能走着去面试。买手店的老板等了她两个小时，最终还是聘用了她，甚至给她一笔钱应急。从那时起，她就知道，"有的时候不是说跟钱有关系，有的时候是看人的。不管怎么样，都能活下去"。

这 6 年，她迅速成长，从一个默默无闻的新人，成为店里业绩第一的买手，但这个过程也不乏艰辛。在国外跑时装周的时候，顾不上吃饭睡觉是常事，往往一根香肠就解决一顿饭，跟大众想象中光鲜亮丽的生活相去甚远。回到店里，为了把昂贵的衣服卖给不同背景的用户，也总是有学不完的东西在等着她，让她甚至有时会三更半夜地跑到街上大哭。

对衣服的喜爱和对时尚事业的好奇心使她留了下来。毕竟 20 多岁的时候，还是很难抗拒钱和会见大牌设计师的诱惑。只是有时坐在咖啡店里，看着窗外来来往往的人，她也会想——到底有多少人能将她卖的设计穿在身上？

家的感觉

2015 年，Cathy 去了趟瑞典，在男友的家里住了一个月。这一个月的体验，成了她后来辞职开店的契机。

在远离尘嚣的瑞典小城里，生活是简单平静的。一条牛仔裤、一件上衣和一双运动鞋，就是当地人最常见的打扮。习惯了巴黎与米兰的浮华与喧嚣，这里让 Cathy 感到自己的心终于静了下来。

光是 Magnus 的妈妈做的甜点、爸爸做的烤肉，以及一家人在一起吃的一顿饭，就已经让她觉得非常开心。她观察到"那边的店给人没有店的感觉，就是家的感觉"，而这样的气氛让她觉得舒心。反观自己接触过的设计师，她意识到"很多都是太设计了，可能你要跟客人解释很多，他才能理解这样的设计"。

回来之后，她发现即使是在上海这样的繁华大都市，也有很多人开始做减法，追求自然本心的生活。但在众多的买手店里，专注于童装，而且采用极简设计风格的，少之又少。她说自己是狮子座的，"想做什么马上就做了，从来不会想"。于是在不到一年的时间里，她迅速辞职、规划、选址、开店，实现了从资深买手到小店店主的转变。

"要让你承受的，你必须得去承受"

告别高薪稳定的工作，从零开始经营一家小店，一般人总归会有些心理落差。但即使外面在咚咚咚地砌墙、这家店前途未卜的时候，Cathy 的脸上也没显出任何的焦虑。我问她有没有在开店过程中遇到什么阻力，她倒显出这个问题很奇怪的样子，自然地说："阻力？没有。因为你认为对的，就没有阻力。"

其实在从之前的店主手里盘下这家店之前，她并不知道这里将因违章使用民居而被处罚，导致大门被封死。租的时候，她也没料到还会有另一个中介，会为之后的租约漫天要价。

但这些意外，在她口中听来好像都不足挂齿。她说："我心态很好的。拆就拆呗，亏就亏呗。因为你现在亏了你才能有更好的未来，你现在亏了总比未来亏好吧。"

在她眼里，最坏的情况她已经经历过了——毕竟还有什么能比当年失恋加失业，被人骗走所有钱，身无分文到面试都坐不起车还要惨呢？

可回想起来，她觉得要是没有那段经历，自己也不会遇上后来的老板，学到那么多东西，到现在能够独当一面自己开店。所以她说："有些东西，要让你承受的，你必须得要去承受。当你承受了之后，才有更多的东西在后面等着你，更美好的东西在后面等着你。"

让她对生活的态度发生转变的，还有她的男友 Magnus。她说："跟他在一起之后，我很多东西很多想法很多观念都慢慢地简单化了。"

他们 7 年前就已经在上海相遇，但谁都没把大学时这段短暂的恋爱当真。2 年后，Cathy 以买手身份参加了哥本哈根时尚周，两人短暂相见，之后又没有了联系。3 年前，Magnus 来中国旅游，两人在一起去大理旅行的途中决定重新开始。后来他干脆辞去了瑞典的工作搬到上海，他们这才终于能够在一起生活。

在 Cathy 看来，ETIK 是两个人共同创造的财富。因为要不是有 Magnus 这个瑞典人在跟北欧的品牌沟通，她也不可能取得他们的信任。而要不是凭借自己在中国积累的人脉和市场经验，这些小众海外品牌的销售也将举步维艰。

她对金钱的要求很低，也不觉得需要用车子和房子来成就一段感情，相反，她很享受两人现在一起打拼的状态。她说："遇到对的人，说对的事情，聊对的事情，跟喜欢的人在一起，哪怕就是做一顿饭，或者就是很简单的一件事情，就已经是非常成功了，生活就已经非常好了，不需要很多东西去附加。"

↑ | Cathy 与男朋友在店里

————————

← | Cathy 与男朋友在一起工作

>> 065

"让每个人都可以做简单的自己"

我问她："这样的心态，是像我这样刚步入社会的人有可能具备的吗？"她说："需要经历的。你需要失败，需要成功，还要失败到最底层、最伤心的时候，你才能经历到现在，就是很坦然、无所谓。"

在她眼里，20 岁是打拼的时候，而 30 岁是沉淀下来，终于可以做自己的事情的时候。ETIK 像一面镜子，反映出她现阶段的状态和对生活的理解。而之所以经营童装、母婴和家居用品，是因为她觉得"这就是一个家的感觉啊，一个妈妈带着小孩，然后把家里布置得很美"。

对于未来的发展，她打算"顺其自然"。在她看来："你心态这样子了，有些东西属于你的，它不会逃走的"。接待客人，她也当成是谈恋爱一样——合适的人总能走在一起，"一认识就是一辈子的事"。凭借之前慢慢积攒下来的口碑，她也收获了一批追随而来的顾客。

从时尚的急流中抽身而出，返璞归真后，这家店的经营理念就像是她对自己过往生活的一个总结。在她看来，衣服不应该成为束缚，让人成为设计师的模特。真正的设计，是让简单的东西也变得舒适耐穿，将人还原到最自然的模样。

她说："再大的事情，都抵不过你自己心里的想法，这就是我们 ETIK 的意思。">>> >>>

蒙Cafe：

文 | 李虹亭 摄影 | 李希尔 Daisy

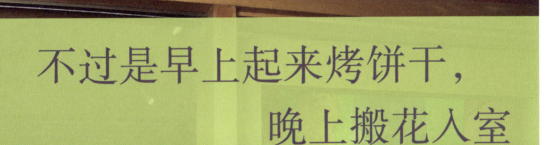

不过是早上起来烤饼干，
晚上搬花入室

Movie Night
21st JUN Tuesday
8pm
MENG CAFE

禁闭岛
Shutter Island (2010)

六月二十一日
周二晚八点
蒙 电影之夜

有位客人去这家咖啡馆，最爱扒开洗手间的百叶窗往外看。哪有什么窗户呀，整个就是空的，对着不知道谁家的厨房。有一次，客人隔着百叶窗看到的是穿白色制服的厨师的半只手臂。

咖啡馆的桌上，从夏天到秋天再到初冬，都隐蔽又醒目地放着一两瓶止痒驱蚊水，方便客人随时来点儿。除了驱蚊水，这家咖啡馆还长期供应十种咖啡，店主并不知道怎么"拉花"，她的主业是烤饼干、做两种口味的三明治。哦不，这也不是她的主业，她的主业似乎是写代码，哎哟，她怎么就卖起了咖啡呢？

浪漫吗？一点儿也不

三个单身女人开了这家蒙咖啡：穿彩色条纹袜子的 Lesi，有小肚腩和两双"飞跃"球鞋的 Sandy，还有戴黑框眼镜背双肩包的 Iris。Lesi 从法国留学回来，身体里的"慵懒"按钮被开启，入投行半年，逃到 Le Creme Milano（上海最好吃的冰激凌店）做服务员，两年后，她成了经理。接着，Lesi 认识了写代码的 Sandy 和 Iris。

Sandy 和 Iris 都是做软件开发的，到上海的头 8 年，Sandy 的大部分时间都是跟机器打交道，她最大的心愿是下班后能去麦当劳打工，"能跟人交流啊"。

Iris 是 Sandy 的学妹，也是吉林人。来上海后，隔了一段时间，俩人就成了室友，住在地铁 7 号线沿线，每天几乎重复着离开家、坐地铁、上班、下班、坐地铁、回家的相同路线。直到 2012 年，Sandy 冲破自己的轨道，先是"劳动节"去海南骑自行车环岛，过完"劳动节"，Sandy 不想回公司，去医院动了一个不需要动的手术，在医院躺了一个月，接着辞职去了斯里兰卡，那年过年她还是在泰国过的。

回到上海，Sandy 彻底不想给人打工了，哪怕自己已经拿到了"终身制的合同"。她和 Iris 商量，"要不我们自己做点什么吧？"理工科的女孩儿，着手研究各种项目，最后瞧上了"上海最好吃的冰激凌"。Sandy 每天在冰激凌店门口蹲点，脑袋里一台计算机高速运转：几点到几点人流量大，客人们进店一般待多久，买冰激凌的中国人多还是外国人多 …… 星期一到星期天，她比店员还准时、还敬业。就在那时候，Sandy 认识了 Lesi。

终于，在 Sandy 辞职 8 个月后，她和 Iris 在上海五原路 115 号开了 Le Creme Milano 的第四家店。冰激凌店对着一家法国幼儿园，嗯，这是商机。

20 平方米的店面，两台靠墙的大冰激凌展示柜就占了一半，店面又简陋，Sandy 自己都不愿在店里多待。可是，很多大人带着小朋友来店里吃冰激凌，店里最初维持得不错，直到上海阴冷的冬天到来。第一年的冬天还能勉强维持，到第二年，2014 年 10 月，"客人们突然都不见了，都举家迁回国了？"

浪漫吗？有那么一点儿

既然开篇说蒙咖啡，自然，冰激凌店变成了咖啡馆，卖红酒的咖啡馆。

Sara 是附近国际学校的美国老师，每天上午上完课，背着黑色的单肩包，进店坐下。Sara 总是先点一杯 35 元的红酒，然后打开电脑开始工作。对一些人来说，这是理所当然的，谁管它是下午 1 点，还是晚上 8 点，who cares？

同样，理所当然的，是客人从店里的收银机里自己给自己找零。"三明治多少钱？""菜单上你看不着价格的"，这位客人像别的客人一样，习惯了来蒙咖啡"打卡"。

客人瞄到厨房墙壁上写着三明治 35 元 / 个。哦对，蒙咖啡有一个迷你厨房，最多能容纳两个人，厨房是半开放式的，Sandy 早上在厨房里烤饼干，Iris 晚上下了班在里面挽起袖子，弓着腰洗碟子和大小不同的咖啡杯，Lesi 中午在厨房里给客人做三明治吃。

客人递给 Sandy 50 元人民币，Sandy 找给客人 20 元。客人不接，自己从收银机里摸了一张 10 元、一张 5 元。

还有常常"丢书"给 Sandy 的客人。进来，一屁股坐在吧台旁的高脚凳上，还没点喝的，先问："我给你的那本书你看了吗？"这位客人常常窝在蒙咖啡，一上午同时看两三本书，包里全是书。他就像别的客人一样，在蒙咖啡看书、工作、和朋友聊天，或者和 Sandy 聊聊类似星座、哲学、宗教这类的话题，聊着聊着，天就黑了。

2014 年 11 月，Sandy、Lesi、Iris 重新装修了店面，隔出了一间厨房、一间洗手间，两台大冰柜被一排靠墙的软凳取代，店里挂了暖色的灯，小红圆桌上的磨砂酒瓶里常插着一两束紫色的干花，客人坐在里面不觉得小，只觉得 cozy（舒适）。

为什么叫"蒙"呢？Lesi 说是易经的一卦，Sandy 解释，"蒙"卦象征着事物初生蒙昧的状态。就像这家咖啡馆，一点点摸索，一点点改变。

从冰激凌店变成咖啡馆，卖起只有两种口味的三明治，还有红酒，手工小饼干也摆上了吧台。慢慢地，这里变成朋友们 hang out（消遣）的一个地方，又多出周二晚的电影红酒之夜。啥电影啊，就是投影仪投在墙上的一块小方幕布上，偏偏总有六七个人，准点出现，贴墙坐一排（蹭一背的粉笔灰），从头到尾欣赏一部朋友加美酒的电影，观完影出来，安静的街道上只有黄色的路灯和树影。

幕布只在周二晚挂上去，平时那是一面彩色的墙，墙上是红、蓝、黄、粉的四张侧脸，眼神或呆或鄙视或无辜或木然。这四张脸分别代表蒙的一位朋友以及 Iris、Sandy、Lesi。四个女孩儿坐在梯子上画了一宿，用 20 元、500ml 一瓶的丙烯。这事只有她们做得出来。就像在另一面墙上，用投影仪投着，模着画二维码，这事也只有她们想得出来，干得出来。

在蒙咖啡开了快一年的时候，四个女孩儿挂个"我们去度假了"小牌，去土耳其看石头、大海、热气球，吃肉、肉、肉。

蒙咖啡开到现在有变化吗？有，但像 Sandy 说的，"很慢、很慢"。每日的生活如常，早上，Sandy 把盆栽一盆盆搬到窗台边（再搁一瓶驱蚊水），一会儿，隔壁店的"果汁娘"带着喷壶，像照顾自己店里的花一样，来帮蒙咖啡浇花。

蒙，像"山下出泉"，汩汩，不断流，一切如常。>>> >>>

←｜蒙咖啡的吧台

↓｜蒙咖啡店门口

TE AMO:

对年轻人来说，世界每天都像面包热乎乎

文 | 万千　摄影 | 李希尔

TE AMO 这家面包咖啡店在五原路上并不起眼。它的店面很小，里面只有 6 个座位，有时候还坐不满人。当下午五六点钟的时候，五原路上几家小酒吧的服务生正在认真地擦着桌子，等待着第一位客人走进店门的时候，TE AMO 的店主就已经把他摆放在门口写着菜单的小黑板收进店内，结束了一天的营业。

即使是在五原路上班，常常经过这家店门漆成棕红色的小店门口的人，如果没有进去吃过它家的面包，或者和店主聊一聊的话，可能对这家小店不会留下太深刻的印象。

但是这家店的老主顾们却总是很紧张，会在早上上班路上特意绕道到这家小店买它一早刚出炉的面包，担心要是等到中午再去，自己爱吃的那款面包就已经卖完了。

我第一次和 TE AMO 的店长黄淼洪约见采访的时候，发现这个瘦瘦高高的年轻店长对媒体采访并不"感冒"。在我们坐定之后的 5 分钟里，他的注意力仍然都在自己的手机上，手指翻飞地在键盘上打字。正当我私以为这个穿着白 T 恤、牛仔裤的男孩有点腼腆、不爱主动开口说话的时候，店门口传来了一阵脚步声。我还没来得及扭头看进来的顾客长什么样子，黄淼洪已经起身，认出了进来的是自己的老朋友，大步流星地走上前，热情地打着招呼。

这位今年（2016）大学刚毕业的上海男孩黄淼洪和他的这家叫作"TE AMO"的小店似乎都带着一种不同特性相互交织的气场，和外界保持着淡淡的疏离，但是在属于自己的小圈子内表现得格外火热。

→ → | 认真工作的黄淼洪

"不想做朝九晚五的事情"

很多年轻人开一家咖啡店、面包店都是为了追求文艺的腔调，但是大部分人最后都因为经验不足，感到"理想太过丰满，而现实很骨感"，不得不承认开店的经历只是向社会交的第一笔学费。

当黄淼洪向家里提出自己要开一家店的时候，他妈妈很理性地询问了他的理由，在了解到儿子并不是一时冲动才想要开一家面包店之后，立即表示了支持。

黄淼洪的妈妈也是生意人，在谈到儿子的时候，语气会忍不住上扬起来，"他做什么都做得挺不错的，也有很多别的工作机会。比如说，他做到过医院院长的贴身助理，他大学期间实习的那家投资公司的老总也希望他毕业之后能去他们公司工作，但是他都不去。他和我说，妈妈，我不想做朝九晚五的工作。"

黄淼洪的妈妈之前的工作是面包品鉴师，在美食圈认识不少朋友。所以黄淼洪也常有机会结识圈内知名的面包师傅，对这个行业很感兴趣。

欧式面包，比如说知名的法国法棍面包、德国纽结饼，注重小麦的风味，更适合作为搭配主食的配角。而日系面包，在源头上有结合中国的蒸煮元素，产品更为松软、轻盈，不仅适合作为主食，也可以作为甜品、点心或者代餐食用。

黄淼洪觉得日系面包更适合上海的市场，就师从了一位日本师傅，学习如何制作面包。现在店里面销量最好的几款也都是最经典的日系面包，如红豆包、盐面包。

但是家里的支持只是精神上的。妈妈"借"了一笔初始资金给黄淼洪，然后很快撇清了这家店和自己的关系，表明自己不会再有更多的协助，有什么问题都让他自己解决。

因为家就住在离五原路不远的安福路上，所以就近找了一家店铺。在装修上并没有砸太多钱，甚至还保留了一点上一家店铺的痕迹，店内营造的格调参考的就是国外的面包小店，虽小但是有精致、优雅的感觉。店内的地板铺的是仿木头质感的砖块。桌椅也是买的进口家具，浅绿色靠背，坐垫很宽，扶手很低，既可以坐得很舒服，也很容易让人产生身体前倾的倾诉欲望。

店内所有物品的挑选和摆放都是黄淼洪一个人在打理，大到桌椅、地板，小到玻璃杯和吸管。开店筹备期间，黄淼洪基本每天都是在 12 点钟后睡觉。曾经为了学会怎么鉴别咖啡的品质，一天喝 10 杯以上咖啡，过量的咖啡因让大脑感到眩晕。

就这样，在大学学分已经修满的大四上学期，黄淼洪给自己发了一个"面包店店长"的录取通知书。他的第一家面包店 TE AMO 在 2015 年 10 月 18 日迎来了第一位客人。

路人经过 165 弄 1 号这家小店的门口时，有时候会被面包的香味吸引住，向里探头张望。

黄淼洪对自己店里卖的面包很自信，不仅制作面包是从日本师傅学的，所有的用料也都是进口的，是纯正的日系面包：法国面粉、法国总统牌黄油，就连撒在面包上的盐也都是从日本进口的。

除了面包，店内最吸引客人的是进门就能看到的一台每天都被擦得锃亮的白色外壳的意大利咖啡机。咖啡原料和机器对于诞生一杯好咖啡都是至关重要的。其实外国人对于咖啡的了解就像中国人对于茶一样，虽然近几年来，上海咖啡店的增长呈现井喷的态势，但是味道好的咖啡还是少数。因此当懂行的客人在走进这家小店之后，一眼就认出了 Sanremo（圣雷莫）咖啡机。

TE AMO 这家店的名字缘起其实也和这台店内最贵的物品有关。因为咖啡机是意大利品牌的，所以选择了一个意大利语里常用的甜蜜的代表着"我爱你"的词语作为店名。

店铺刚刚开张的时候并没有什么人气。因为五原路上日常的客流量其实并不是很大，而一家新开张的日系面包店在上海也绝非什么新鲜事。

没有在媒体上投放广告，TE AMO 通过顾客之间口碑相传的方式积累着自己的人气。在年末和节日的时候，也会接到一些单位的面包、咖啡订单。

"很多店铺都爱吆喝，甚至做广告，但是如果店内东西不好的话，客人在来过一次之后不会来第二次。现在 TE AMO 有不少客人都是老顾客，甚至每天就盯着一款面包当某一餐的主食。"

可能是因为五原路的特性，这一带居住的外国人比较多。在与五原路交接的武康路上，一家正宗意大利口味的冰激凌店，每天都排着长长的队伍。TE AMO 的人气虽然没有这么旺，但是也常常在中午的时候就卖断货了。

被黄淼洪称为打破纪录的一天，是在上午 11 点 37 分就已经将店内所有的面包都卖出去了。

老顾客是小店最受欢迎的人群。有时候，老顾客一过来就会点十几款面包，然后全部打包带走。也有老顾客会主动提出要加黄淼洪的微信，方便之后预订面包。

至少对于黄淼洪来说，半年时间内，一家小面包店扭亏为盈，在这个总被说浮躁的社会里面，他还是相信"酒香不怕巷子深"这句老话。

一家年轻任性的小店的未来

TE AMO 的经营模式很像国外的小店，很自由。当天的面包卖光了，就可以关门。早上开门时间也是波动的，有时 7 点半就开门了，有时要到 9 点半才开门。

下午的时候，TE AMO 的面包有时候会直接标上半价售卖，一个红豆包 3 元，一个盐面包 4 元。这在上海听起来似乎是不大可能的事情，但是黄淼洪显得云淡风轻，只是解释说"这是我的兴趣爱好，并不希望通过这家店赚多少钱"。

对于黄淼洪来说，开店最痛苦的事情是每天都需要待在店里面。当新鲜感过去，这渐渐变成一种折磨与压力。然而，在开店之初，妈妈给黄淼洪的一句建议是，"不要因为这家店把自己困死在这里"。

黄淼洪开店的初衷是想以这家小店为平台，认识社会各行各业的朋友，他觉得这是公司工作和学校生活无法提供给他的。因为周围有不少商务办公楼，有时也会遇到几位老板级的人物，坐在店内侃侃而谈，讨论着来来去去好几百万元的生意。黄淼洪就在吧台后面听着，思考着赚几万元和赚几百万元的人思维模式的差异。

在店铺不忙的时候，黄淼洪会坐在店铺最里面靠窗的座位上，看着自己的电脑。除了是这家面包店的年轻店长之外，他还给一家报纸投稿，时刻关注着投资界的风向，还需要管理自己在五原路附近的在 Airbnb（爱彼迎）上出租的房间，他把 Aibnb 的房间称为 TE AMO Guest House。在 2016 年底，黄淼洪还计划成立一个新公司，主营文化类相关的业务。

TE AMO 的房屋合约当时签订了两年，两年之后，这家小小的店铺是否还在，黄淼洪自己并不确定。

对他来说，世界就像每天早上刚出炉的面包一样，是新鲜的、热乎的，没有尝试的都想尝试一遍。>>> >>>

JARAJAM:

归 去 来

文 | Daisy　图 | 李希尔　Lita & Moer

↑ | Lita 两姐妹在店门口

→ | JARAJAM 在 108 号时的店

JARAJAM 的门前有一块小小的空地，摆了简单的桌椅，对着街的立面开了一扇大窗，两个打扮得十分精致的姑娘坐在窗前喝饮料，一个戴着一顶黑色的帽子，一个是烈焰红唇。

门前的梧桐树枝繁叶茂地垂着，浓郁的绿色摇曳着，远远望去，像一幅时间定格的画。

男主人是一位意大利建筑师，有自己的设计工作室，也有自己的乐队。每日清晨，建筑师早早到店里亲自煮咖啡，监督苹果派是否烤好，等待早起的弄堂居民或是路人来买早餐。不知不觉到了 10 点，他还要赶回工作室去，那边的设计图也不能耽误。

这时太太 Lita 才姗姗地来，因为家里有一个 1 岁多的小不点儿，像考拉一样挂在妈妈身上，要费一点工夫才能脱身。这样的节奏略像打仗：工作室有日程表，还要照顾咿呀学语的小宝贝，但对待食物的态度也绝对不能马虎。

JARAJAM 的咖啡无论是拿铁还是卡布奇诺，都是小小一杯，而且是自动做成两倍浓缩咖啡。作为意大利人的男主人，不能够忍受上海许多咖啡的杯型可以变成中杯、大杯，虽然有各种口味的选择，但喝起来却总是寡淡，咖啡的本味越来越少。在他心中，咖啡就是小小的一杯，却口感丰盈。

除了面包与咖啡，JARAJAM 还有花草茶，那是喜爱东南亚风情的 Lita 亲手调配的。店里的木头架子上，摆满了大大小小的瓶瓶罐罐，装满了 Lita 从世界各地带回来的形色各异的花草、香料，加上喜欢烘焙的妹妹做的小甜点，几页 A4 纸的菜单，渐渐吸引越来越多的客人。

JARAJAM 是上海很少有的能喝到 Masala chai 的地方，这是一种叫"玛莎拉茶"的印度国饮。它不使用茶包，而是用香料熬煮。常有很多客人穿过大半个上海来到这里，就为了喝一杯 Masala chai，更是有从宁波专程慕名而来的老夫妇。

几个月前，JARAJAM 还在五原路 108 号的铺子，门前不是空地，而是一扇大大的落地窗。阳光一路照过去，像一只明亮的玻璃盒子，引来许多吃早餐的客人。刚开两个月，就有些美食杂志陆陆续续地找来，更有人想来谈加盟事宜。小店一天天热闹起来，熟客们的圈子也一点点扩展。

然而有些事情是自己无法控制的。

2016 年春天，五原路经历了一次严厉的整改，JARAJAM 也未能逃脱。不过 Lita 倒是懂得迂回前进，听从了房东的建议，早早关了门，但东西未撤出来，想着先静观其变。结果还是不行，4 月底 JARAJAM 就彻底关了门。这时距离开业才短短 4 个多月。

回想起 JARAJAM 刚开张那一日，是圣诞节的第二天。马路上活跃着的外国人都跑回家过节，仍挡不住 Lita 一家激动的心情。找店是磨人的，但当三个人同时站在大大的玻璃窗前，却不约而同地产生了同一个想法：就是它了。

开始选五原路，初衷就是离家近，完全没有一点"文艺"的刻意。"法租界"那么多条马路，热烈的，张扬的，名声在外的，这些标签安静的五原路一个都没有，生活的气息噗噗地冒出来，在高大的梧桐树影下酝酿，这其中就有一间小小的 JARAJAM。

看着大榔头咣咣咣，让 Lita 无比喜欢的玻璃窗碎了一地，心也跟着坐过山车。像是吃酸橙子，一阵阵难过涌上胸腔，涌上眼角；又像心里面演起一部静默的电影，没有一个观众。但生活不能一直碎在地上。Lita 想着，那就当放假了吧，不好的事情是一件好事情的开始。寻找新址的事情也在进行中，边走边看，兜兜转转，心态竟也平和了。

← | 拆迁队来了

→ | 重新开业的宣传单

经过几个月的寻觅，一家人几乎要放弃了，想要一个自己喜欢又合适的店面，太难。但冥冥之中有人带了路，又把 JARAJAM 带回五原路来。

7月，传来了 88 号可以租的消息，和原来的店面只有几步路程。刚兴高采烈地想定下，房东又回复暂时搁置，心中期待的气球才刚要飞就梗住了脚。过了许久，房东又打电话来说可以租，于是 JARAJAM 重新搬回了五原路。

重新开业那天是个周末，JARAJAM 的老客人，五原路上的邻居，结伴来到新店祝贺。新店比老店门面更宽，多出个露天的小院，意外的搬家反而让 JARAJAM 有了更敞亮的空间。就着还是老味道的特制饮品和点心，大人们闲聊，孩子们在屋里屋外奔跑。

9月初的上海，午后的阳光还有些灼热与黏腻，所幸有凉爽的风。自然木质的柜子与桌椅，架子上一罐罐大玻璃瓶子干花草，这些都是从之前店里挪过来的。托了设计师男主人的福，新店的材料几乎都是再利用，省却了许多重新装修的麻烦。不一样的是，菜单又丰富了些，有了午餐的选择，还添了些小酒。

每一日，从头到脚都充满东南亚风情的 Lita 笑嘻嘻地进店来，像是从自家的院子迈入了客厅般契合。她热情又随性地与熟客打招呼，又去逗一下客人带来的窜来窜去的狗狗。"JARAJAM 就是我们家的迷你版，是我们家的客厅，是想要招待客人的地方，想要遇到奇妙的人的地方。"   >>> >>>

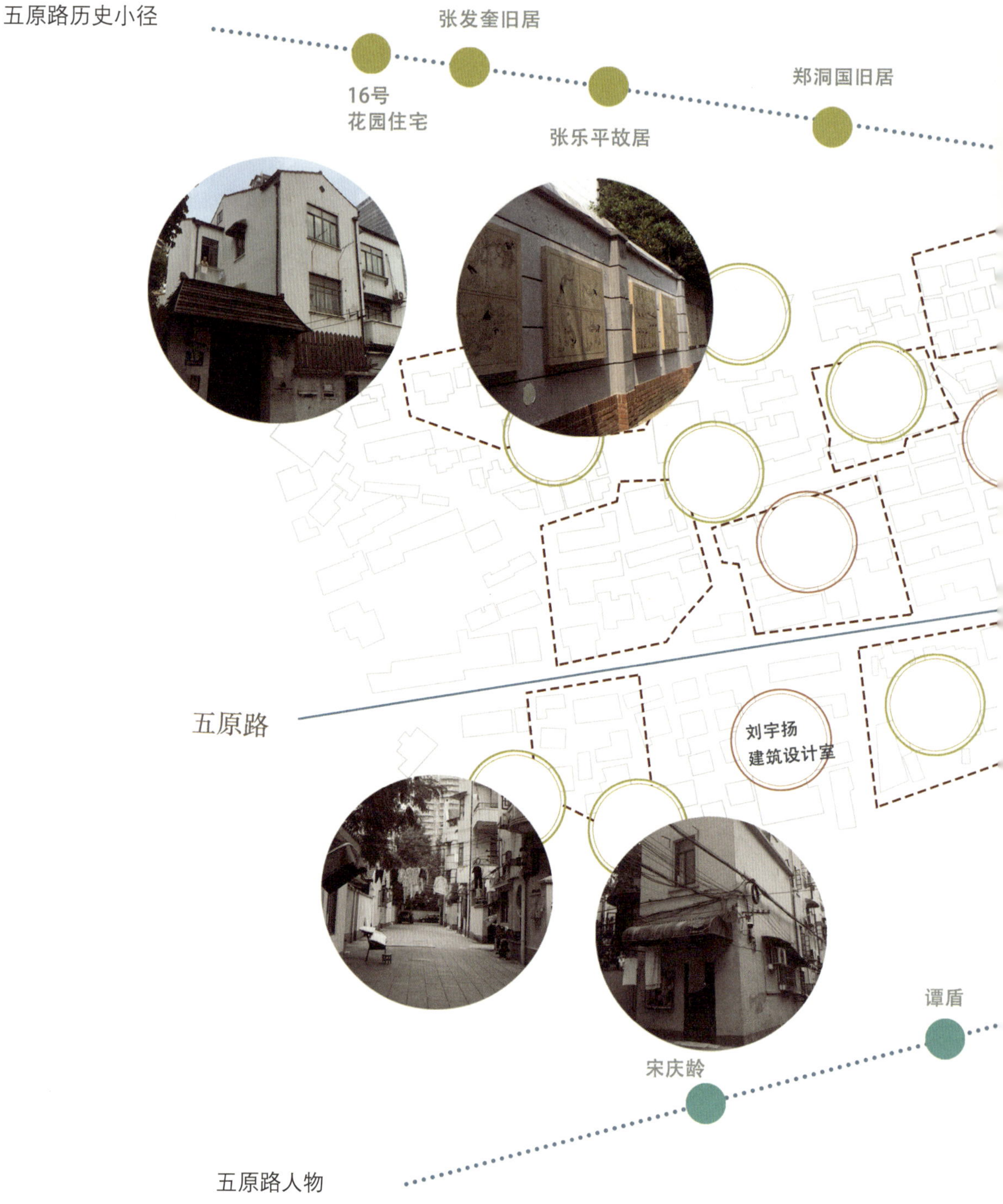

五原路历史小径

张发奎旧居

郑洞国旧居

16号
花园住宅

张乐平故居

五原路

刘宇扬
建筑设计室

谭盾

宋庆龄

五原路人物

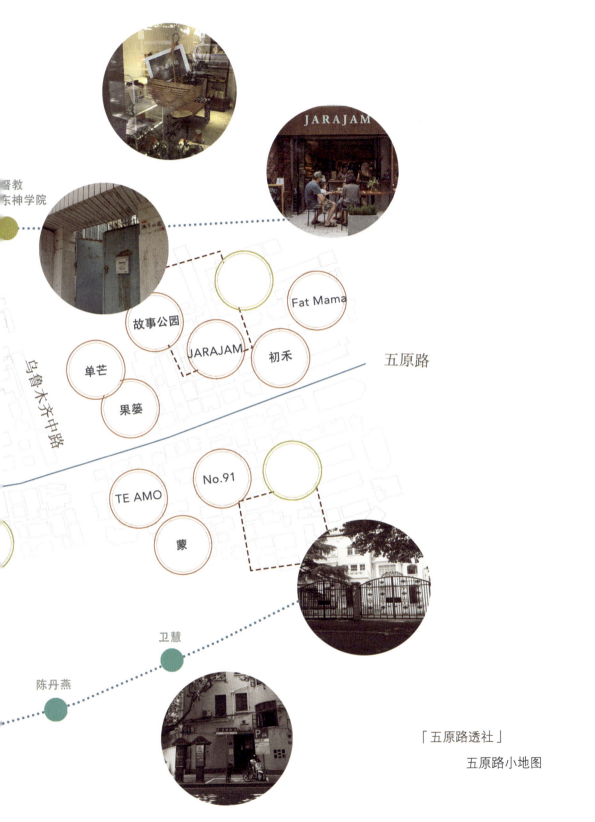

督教
东神学院

故事公园

JARAJAM

Fat Mama

初禾

五原路

单芒

果婆

乌鲁木齐中路

TE AMO

No.91

蒙

卫慧

陈丹燕

「五原路透社」

五原路小地图

>> 091

岛屿故事：

台北肖像

图 | 徐小创

中国三明治将阅读和写作融入旅行，遇见有意思的人，聆听有趣的故事，用文字的方式记录旅途中特别的在地文化。

六年来，我们带领学员们走过了良渚、金门、厦门、大理、潮州……2016 年 7 月，我们第一次将写作工坊带到了台北诚品，入住诚品行旅。在书香中醒来，在诚品顶层阁楼研习写作，深度探访云门剧场和果陀剧场，记录台北文化人物的故事。

以下四篇文章，就是我们在台北写下的四个故事，有一个角色演了 20 年的话剧演员，有记录 1949 年太平轮沉船事件的著名作家，有带着生命倒计时预言生活的纪录片导演，有在台湾一边读书一边创业的青年……

诚品：中国三明治 2016 年 7 月在台
北行旅顶层阁楼举行写作工坊

口述 | 陈幼芳　整理 | 李依蔓

话剧偶像陈幼芳：

活在当下，
爱谁就赶快去讲

对于大陆观众而言，陈幼芳这个名字可能并不熟悉，今年54岁的她，在台湾话剧、电视剧、电影、广告界都有很多粉丝。

如果你喜欢看台湾偶像剧，也许会记得《痞子英雄》里的警察局长、《绿光森林》里的妈妈。如果你喜欢看话剧，她是果陀剧场《淡水小镇》的陈太太，一个角色演了20多年，比曾经演自己儿子的张雨生仅仅大4岁。她是任贤齐出道时的舞蹈老师，和齐秦、张艾嘉演过音乐剧，台湾作曲大师李泰祥更曾专门为她写歌。她也是英年早逝的歌手张雨生生前车上载过的最后一位乘客。

她在百货公司抓过小偷，在外贸公司擦布满老鼠屎的展架；考进艺工队当了七年"文艺兵"，在再熬几年就能拿到100万新台币退休金的当口毅然辞职；立志成为幕后唱片制作人，第一张专辑就把新人捧上金曲奖"最佳新人奖"的位置；玩票演话剧，在32岁的年纪才发现自己的表演天赋，在舞台上一待就是20多年……

老天给了她许多坎坷，她以一种"哈哈哈"的方式，把挫折变成人生54年的礼物。

在台北，中国三明治写作工坊造访了果陀剧场，并采访了陈幼芳，听她讲了一个舞台剧演员从生命里拿出来的动人故事。

我有一个比较奇怪的来历，不是科班出身，能当一个舞台剧演员完全是一个意外，直到 32 岁才发现自己表演天分非常好，很奇妙。

我今年（2016 年）54 岁，讲真的，有时候早上起来看镜子，自己都吓一跳，我没做过什么特别保养，皮肤也没什么皱纹。一直在剧场，一直在演戏，一直在教课，做这些事有热情，就是身心愉快。

我从小在眷村长大，爸爸民国 38 年（1949 年）从大陆来。家里本来有 5 个小孩，因为在眷村比较穷，最小的妹妹送人了，我排行老三，有一个哥哥、一个姐姐，还有个弟弟。哥哥、姐姐还有弟弟读书都很厉害，我就不行。国小（小学）的时候功课不好，爸爸就一边拍一边骂我，"怎么那么笨！怎么那么笨！怎么那么笨！"

从此以后，我就发现，"我很笨"，是我对自己的认识。

以前功课不好，人又胖，喔哟，以前胖得整个脸圆到变形，和现在比起来真的是两个人。所以我很自卑，家里也没人爱我，慢慢地有客人到家里来，爸爸都不会主动介绍我。"哎，这是老大、老二、老四"，然后我就会很自觉躲到房间里去，我觉得那是一种孝顺吧，不然父亲会以我为耻。

童年我唯一喜欢的就是唱歌，喜欢唱老歌，因为我的声音很适合。国一（初一）的时候，有一天有同学带了把吉他来，我看到他弹吉他的时候，简直惊为天人！我觉得人生突然有了目标，我要当一个自弹自唱的民歌手。当时台湾的明星都是崔苔菁那种美艳巨星，但是当民歌手的话，长相别人不会那么在乎，只要吉他弹得好就行。我就求我妈妈帮我买了一把很破的吉他，每天练每天练，现在手上还有茧。

因为我成绩很烂，国中（初中）毕业后，我和一起弹吉他的同学说："我们去找个很好混的学校好了。"结果发现一个——稻江高级护理家事职业学校，家政科，炒个菜就可以毕业——这个太好了！就去念这个！所以我去念的是高职，一毕业就要去工作的那种，就是为了混毕业。

有一次烹饪课做烧卖，每个人要拿自己的烧卖上去给老师看，我没做，就借了一个拿 85 分同学的烧卖去了，结果得了 75 分……同一个烧卖哎！好学生拿 85，我拿 75。毕业的时候，我拿着毕业证和老师说，"我终于不用怕你了！"因为终于混到毕业了嘛！整个学生时期我统统都在混，最好的事都是在学校外，参加合唱团啦、吉他社啦、军乐队啦，就是在玩这些。

我陈幼芳唱歌唱那么好，居然在那边抓小偷？！

台湾那时候有一个叫"金韵奖"的民歌大赛，我就去参加，然后灌了黑胶唱片。很火哎！那时候一个学生居然能灌黑胶唱片，在学校走路都有风！可是那时候金韵奖是一张大专辑，主打歌是《秋蝉》《归人沙城》《忘了我是谁》，其他是凑数的，我唱的是 A 面的第四首，叫《春痕》，没什么人知道。

唱歌没红，没办法，毕业了只能去工作。但是我的专长只有自弹自唱，其他都是零。你知道报纸一翻开找工作，起码都是要大学啊大专啊，你一个高职，什么嘛！那时候学校建教合作（学校与公司合作），我就去了一家百货公司当营业员，最主要的事是抓小偷。那个年代没有录像，每天东西都会丢，每天都抓不到小偷，所以每天要站 8 个钟头，薪水也很少很少。

我经常就想，我陈幼芳吉他弹那么好，唱歌唱那么好，还灌过唱片，居然在那边抓小偷……

于是我的机会又来了。当时台湾还有另外一个唱歌比赛，叫"民谣风"，蔡琴他们都是从民谣风出来的。而且就在我们百货公司比赛哎！我就又去报名了，结果拿到第二名，奖金5000元！比我当时的薪水还要高！好啦，又要灌唱片了！我就去辞职，他们让我不要走，我说才不要，我要去当民歌手了。

结果唱片计划取消。

我辞职了，还不敢回家，怎么办？又要找工作。

我又翻报纸。

学历真是个问题，我看有个 "贸易公司诚征小妹，学历初中"，只有这个合适，就去应征，结果以"高学历"的姿态被录取了。当小妹每天早上7点钟到公司，帮大家洗茶杯，客人来了要问"小姐你要喝茶还是喝咖啡，咖啡要不要加糖，要不要加奶糖，要加几颗？"平时没事要接电话，接错了要被老板骂。有天中午我在擦展示台，吵到了在房间睡觉的员工，他就很不高兴，说"你一个小妹干吗要那么认真！"我就想，天啊，当小妹就不能认真吗？不甘心。

我就又翻报纸。

看到一条，"国军陆光艺工队一队招考女队员，专长：唱歌、跳舞，月薪9000"。天啊！当时当小妹只有5000新台币而已！我就抱着吉他去了。那天报名的招待人员是在艺工队服役的三个大帅哥：徐乃麟；曹西平，就是经常上《康熙来了》嘴巴很坏的那个；还有欧阳龙，就是现在欧阳娜娜的爸爸。

他们三个站在一起，我就是一个无知少女看到帅哥的样子，流口水啊！薪水高，还可以天天看到帅哥，你知道那个诱惑有多大吗？我就想我一定要考进去！

唱歌，没问题；跳舞，就完了。女老师做了一连串高难度动作，最后落在一个盘腿的"卧云"Pose（姿势）上，那时我好胖，肚子上的肥肉一团挤出来，这种动作不是侮辱人嘛……既然做不到我就不要丢脸，当时就特别豪迈地讲，"我不会！给我零分吧！"士可杀不可辱，我整个潇洒到把自己吓一大跳。

没想到，后来我被录取了，一定是我歌唱得太好。

>> 103

又翻报纸，居然和齐秦、张艾嘉一起演《棋王》！

艺工队负责去劳军，都是综艺节目，十八般武艺都要会。你第一个节目要唱歌，第五个节目要跳舞，第八个节目当魔术师的助理。而且我们一年一签约，如果只会唱歌，第二年就滚蛋。

刚进去的时候，所有人都很瘦，腿都可以抬很高。有天曹西平走过我旁边说："哟，这么胖也敢来艺工队喔！"你知道这对一个新人来说是多可怕的事。我就不敢吃饭，不敢进餐厅。学姐教我每天早上吃养乐多加柠檬，饿到快要晕倒的时候再吃一点点东西，一个月瘦了6公斤。

后来我再遇到曹西平，我就和他说，"哎，曹大哥真是谢谢你当年嘴巴那么坏羞辱我，不然我大概待不到一年就会走掉，因为太胖了不能跳舞。"

艺工队很辛苦，有一次到外岛，厕所就是一个坑，坑里就是粪和蛆。去外岛要大船换小船，晕船昏昏的还要上台。冬天演出的衣服，这一场湿了，下一场没有干就长霉了，但是还要穿。我待了7年，学了很多东西，芭蕾、爵士、京韵大鼓，扎扎实实的基本功，1000多场的演出经验。

当时曹启泰在台湾已经很红了，他来艺工队当兵，和我说："幼芳你不错啊，干吗不去外面试试看？"你知道一个阿猫阿狗讲你好，你不会当回事。但是一个名人讲你好，他没必要巴结你，那一定是真的了！于是我蠢蠢欲动。

我又开始翻报纸。

一看，"台湾第一出大型歌舞剧《棋王》演员招考，特长：唱歌、跳舞、演戏，男主角齐秦，女主角张艾嘉"，够大牌吧！艺工队不允许兼职，我就偷偷去考试。那时候评委是李泰祥，他认识我，因为之前艺工队有请他来给我们讲课。我带了把吉他去唱歌，这个没问题。跳舞是一个美国人做了一串动作。开玩笑，我跳了六年，早就不是当年了！大家看了都很满意。考完之后李泰祥和我说，"哎，陈幼芳，导演很喜欢你喔，让我专门给你写一首SOLO（独唱）的歌曲。"

天啊！我就一直等，结果等到的通知是，没有入选。

哎！这是怎么回事嘛？我不甘心。他们又招考，我就又去了，这一次我叫"陈玉珊"。没带吉他，穿了窄裙，画了大浓妆，还踩高跟鞋，捏着嗓子说"我叫陈玉珊，我来报名"，怕别人看出来我又来考试。

但是李泰祥认出我来了，说，哎，你怎么又来了，我说大师你骗我，我没有被录取。李泰祥满头雾水，我说大师你别拆穿我就行了。

没想到第二次考试和第一次不一样！第一次比较随便，第二次考场是黑色窗帘把整个房间围起来，一大排评审，外国导演、外国编舞、制作人，还有作家三毛，她是改编剧本的。先唱歌，因为我怕李泰祥穿帮，就一直盯着他唱。但是舞蹈居然自备曲目，天啊我都没准备，还穿了高跟鞋，还窄裙……我就说随便放一首，我即兴跳。6年的功底哎，啪啪啪啪啪，我就在那边"搔首弄姿"，三毛一直拍手，"陈玉珊你好棒，不要停，不要停！！！"

所以这一次他们不敢搞错了，录取了。

我觉得我的个性就是这样，不到最后一刻不轻易放弃。而且幸运的是，当时艺工队也同意让我去参加演出。

离开舞台到幕后，30岁才开始学电脑

通常在艺工队待满12年，就有100多万新台币的退休金，受不了苦的女队员待一两年就会走人，不然就熬到12年。虽然我已经待了7年，但是在艺工队久了你是大姐大，唱得不好阿兵哥也不可能走啊。没有成就感，学不到新的东西，就是井底之蛙。

那时候音乐创作人小虫在我们那里当兵，被李建复推荐给李宗盛写歌，我就很羡慕，开始自己学写曲子，写了100多首。第一首歌卖给台湾当时很有名的歌手范怡文。当时我的薪水18000元，一首歌8000元，一个月卖三首歌就超过艺工队薪水了。

于是我的志向就换了：我要当一个有实力的幕后唱片制作人，我要离开舞台，到幕后。然后我就辞职了。

结果第一个月一首歌都没卖出去。

→ | 在艺工队时，在去南沙的船上做表演

———————

→ | 演出剧照

我曾经差点回到艺工队，但是人都是这样，要赌一把。谁知道前面的路啊，但是我知道我不想像现在这样，我想要不一样的生活，想要学到更多。大公司不要我的歌没关系，我找小公司，帮新人写歌、编舞，我还给刚出道的任贤齐编过舞呢。人就是这样，隔行如隔山，你在艺工队的辉煌，这边谁睬你啊，就要忍。

而且在唱片公司我还看到一个很可怕的东西——电脑。什么叫电脑？那个年代没学过，看都没看过，怎么办，吓都吓死了。但是进公司一定会用到电脑，当天下班我赶快去学打字。人只要愿意学，任何时候都不嫌晚，我那时候 30 岁，才学电脑，OK，那就学啊，有什么了不起！

再后来，我去给写《故乡的云》的谭健常老师当助理，一起做一个新人的专辑制作人，用了我的五首歌。这张专辑让他拿到了当年金曲奖的最佳新人奖。我第一次当唱片制作人，就让新人拿到最佳新人奖，你知道那种梦想成真的感觉吗？

我记得颁奖那天我坐在台北中山纪念馆，我和唱片公司的宣传坐在那边。哇！新人得奖了！然后他在那边感谢了很多人，唯独没有唱片公司，没有谭老师，没有陈幼芳。回到家父母问我，这个人提一下你的名字，花不了太多时间吧，以后不要叫他到我们家来，因为当时我还在教他唱歌。谭老师也问我，还要帮他做第二张吗？我说我不做。

当时我觉得自己像卫生纸，用完就丢，很心寒。人生很奇妙，遇到这样的人，是一个大领悟，他教会我人要懂得感恩。人生每一件事都是一堂功课。

"幼芳,你知道你在舞台上多好笑吗？"

有天朋友和我说，"哎！幼芳，有个果陀剧场，他们有出戏的女主角出车祸，你要不要去试试看？"你知道我走唱片这条路，就是不想回到舞台，谁要去啊！我空虚啊？不要。那个朋友又说，"幼芳你给我个面子，我跟梁志民导演讲好，你去打个招呼就走好不好，拜托拜托！"

好吧好吧，那就去吧。我那时候比曹西平羞辱我的时候更胖，走到幕后就更不注意形象，也没抱什么希望。而且当时果陀才 3 岁，没有自己的场地，办公室就是排练场。我一去，什么东西啊！那么小个地方，一群人在那边滚来滚去。

然后梁导演也很好笑，就和我聊天，聊聊聊突然说，我们签约吧。怎么那么随便啊？《棋王》还一排人关起门来面试，这个读本都不读啊！果然是火烧屁股了。我说不行哎，我要上班，梁导演说没关系，等你下班排练。我说还要问老板的意见。我就问谭老师，有个舞台剧邀请我去演，老师你看……谭老师说，好，但是有个条件，你给我弄两张票来看看。真是太好的老板。后来每天快下班的时候，谭老师还和我说，幼芳你不是要去排练吗，快去快去！

我最开始在果陀其实是玩票性质，钱也不多，演了三出戏，还是想当唱片制作人。后来台湾唱片业走下坡路，谭老师也要移民到加拿大，我就没工作了，而且当时在果陀演戏的收入也不高，不知道怎么办。

有一天有人和我说了一句话，"幼芳，你当然要去演戏，你知道你在舞台上有多好笑吗？"

我？很好笑？

>> 107

果陀那边的老师也和我说："幼芳你知道吗，你在舞台上的整个肢体都好自然，你很抢戏。"梁导演也说："幼芳，你到舞台上，都不用给你打灯喔，就会看到你。"

我在 32 岁才发现，我是有表演天赋的。

原来我一直很执着地走在音乐这条路上，老天就一直帮我关门关门关门，不让我走，大概是为了让我发现演戏的潜能。从那之后，我才把演员认真当成一个职业，认真看待这件事。所以人生里 32、33 是一个密码数字，这个年纪的抉择和改变，会影响你一生。

我在果陀一演就演了 23 年。在舞台上，什么事都要慢慢磨，这个过程就是养分，就好像我在艺工队七八年的基本功。舞台剧不像电影、电视剧，每一场观众不一样，第一场观众很嗨，第二场观众可能没反应，没有一次完全一样的，都是新的体验。

我记得有一次，舞台上的道具门被上一场的演员弄坏了，我要进到门里面，怎么办，难道说："各位观众，不好意思，我们门坏啦，大家先休息一下，我们马上回来继续。"不可能啦！我只能硬推，还要暗示导演，"这个门看起来怪怪的……但是我还是要进去看一下！"所有工作人员都吓傻了！我还要不动声色，不能声张，其实心里都要吓死了。

演舞台剧到现在，最难过的关是情绪

张雨生那时候在台湾很有名了，主动来报名演舞台剧，他在果陀演了四出戏。我来果陀第二出戏，是 1994 年的《淡水小镇》，男主角就是张雨生，后来我们排了一出戏叫《完全幸福手册》，一般首演完都会有剧评，报纸会登。我记得那场演完之后，第二天《中国时报》写，"昨天最精彩的就是陈幼芳，艺工队待过七年，又当过唱片制作人，会唱歌，高难度动作不漏一滴水地完美达成，是剧场不可替代的新星。但是歌手张雨生，肢体僵硬，有时发出吱吱的声音，背驼，显得脸很大。"

当时我看到报纸写我真的好开心，在当时那个年代，名字能出现在报纸上是多大的荣耀啊！我爸爸买了一大堆报纸送给大陆的亲戚，我妈妈还打电话给市场卖鱼的、卖粮食的说我女儿的文章在报纸第几版。但是我突然清醒过来，报纸把我写那么好，把我的好朋友写那么烂，我怎么面对他？我们第二天还要演戏啊！如果是我被写那

么烂，我要怎么演嘛，自信心都被打击了。

第二天化妆的时候我们就把报纸都收起来，当作没有这回事。然后张雨生突然进来和我说，哎！幼芳，你没有看到报纸吗，把你写得很棒哎！我就"啊！你看到了啊……"然后大家就把这个话说开，安慰他说 "你本来就演得很好"之类，他还很好笑地问我们，"我的脸看起来真的很大吗？"

一个朋友是不是真的为你开心，你是能看出来的，他自己被批评成那个样子，还真心地为我开心，我觉得好感动。而且他是张雨生哎，那么有名，你们知道娱乐圈里有很多钩心斗角，如果有人说你好，别人嫉妒都来不及呢。

结果那天晚上演出，他更幽默，和对手演员串通好，本来一句台词是对手演员和他说，"你看你，30 岁了还一事无成！"结果他们改成，"你看你，30 岁了，脸那么大，还一事无成！"就把这个尴尬化解了。

后来就是《吻我吧娜娜》，那是张雨生生前唯一的一出歌舞剧，他当音乐总监，所有的音乐都是他写的，他还要在戏中弹吉他，唱一首歌。

当时果陀在中山北路排练场，张雨生大概晚上 9 点多来看排练，就直接坐在我旁边。我们两个聊天，然后他和我说，哎！幼芳，等下我要去的地方刚好会经过你家，我送你回家。我坐他车坐习惯了嘛，就说好啊。

坐上他车我就发现，怎么有一张张惠妹她妹妹的专辑，就问他，哎！你怎么没送我啊，他就说哎呀好啦，下次送你啦。他又说下个月要不要去阿妹家玩啊？我说好啊，他说原住民很有趣很好玩，但是喝多了第二天会倒在地上睡觉，要小心踩到人。我们聊得很开心。

我大概 10 点多回到家，大概四五个钟头后，张雨生出车祸，当时我不知道。第二天一大早，朋友和我说张雨生出车祸了，我还想，大明星嘛，出点小差错就在那边报。

但是你知道电视是 24 小时在报，你看到你昨天搭的那辆车，你看到昨天你在车上看到的东西，有他的眼镜，还有其他东西……人生好无常，我们还约了下个月要去阿妹家。

整个下午我就号啕大哭，那是我这一辈子第一次遇到这么无常的事，只有对着电视机号啕大哭，把我父母都吓死了。

下午梁志民导演给我打电话说，幼芳你快到医院来，张雨生昏迷，医生说要找一个他熟悉的声音把他叫醒。好，我就去了。到加护病房，换无菌衣，他们告诉我，幼芳你不能哭，要和平常一样和他说话。

我看到张雨生躺在病床上，穿着和昨天一模一样的衣服，没有外伤，眼睛蒙着纱布。我就叫他，小宝，起床啦，你怎么偷懒都不洗澡，也不换一下衣服，赶快起床排练啦。

没有醒。不能哭。

>> 109

第二天再去。哎！你欠我的 CD 要还啊，还要去阿妹家，你搞什么啊，你这样爽约啊，你这样不行的啦。

没有醒。

第三天，我就再也进不去加护病房了。

后来阿妹来了，小燕姐来了，媒体来了。我只能坐在走廊。

但是最残忍的是，这出戏还要演，而且还是喜剧。导演说，小宝的那首歌幼芳你来唱，我就要唱着他的歌，走到他的位置，看着他的吉他。而且我跟张雨生的 Key（音调）居然不用改，直接降八度就好。

啊，好难。你知道你的朋友昏迷不醒，你只希望他赶紧醒来。可是当知道医生说，即使他醒过来也是植物人的时候，你又想说，哎！小宝，如果你真的撑不下去，你就走吧，一路好走，我不要我的朋友醒来是植物人。

后来我们在台北演的时候，张雨生走了。

那个当下我就在想，怎么撑下去啊，喜剧要搞笑，可不可以不要演啊？可不可以和观众讲说不好意思我们演员今天心情不好，可不可以取消？演到最后，我谢幕完就冲到旁边狂哭。

所以说，真的要活在当下，你爱谁就赶快去讲。谁欠你钱，就赶快去要回来啦。

人生走到 54 岁的礼物

这个就是舞台剧演员的生活，不用羡慕我们在舞台上的风光，在那个时候我巴不得自己不是舞台剧演员，我干吗要当演员，太残忍了。

为什么人家说戏子无情！我能有情吗？我能带着情绪去搞笑吗？不可能的。其实我每一次演《淡水小镇》都会想到张雨生。《淡水小镇》这一出戏其实讲的就是生死，讲人生的功课，讲珍惜。人生如戏，戏如人生。

今年 4 月份的时候，我把自己的故事写了下来，出了一本书《哇！不会吧！》。我这辈子都没想过我会和出书这件事有什么关系，结果居然出了。人生每一个阶段都有不同的任务，老天有时候给你一些事，是要给你任务，人生不要白来一趟，不轻易放弃，学会珍惜，学会不断努力充实，学会感恩。

我觉得这一路虽然坎坷，最棒的是学到两句话：苦难是礼物，挫败是养分。老天爷一直给我挫败一直摔一直碰壁，或许就是告诉我要走下去，有更好的让我发挥的地方。

这就是我人生走到 54 岁的礼物。>>> >>>

→ | 在中国三明治台北写作工坊，陈幼芳为学员们上了一堂戏剧体验课

作家张典婉：

最后她也变成了一艘渡船

采访 | 杨扬 柚子 编辑 | 李依蔓

走进已有近 40 年历史的台北兄弟大饭店，踏盘旋而上的楼梯到二层，远远有人向我们招手示意。《太平轮一九四九》的作者张典婉比照片里看起来更瘦，绿黄色的过耳短发下，架起红色边框猫形上翘的眼镜，虽然是夏日，但身上仍然披着乳白色长款针织衫。从她自然深切的露齿微笑里，很难看出前些年她曾经历了一场大病。

"来，点了一些经典的台菜，都是当季的食材，一定要尝尝。"这一次采访，张典婉邀请我们加入她和几位好友的饭局。随性温暖的生活气息，在杯盏碗碟碰撞声里涓涓流露，张典婉的过往在一蔬一饭、一字一句间变得更立体有神。

1959 年，张典婉出生于台湾北部苗栗的农村。由于母亲过早离世，父亲不得不将她托付给同村年近六旬的养父母，随养父姓张，名典婉。但这对养父母并不简单。父亲张汉文曾是康有为门下万木草堂中唯一的台湾学生，母亲司马秀媛是上海滩大糖商司马聘三的千金。夫妇二人淡泊名利，过着耕田育果的农夫生活，但家中往来都是文化鸿儒，比如林海音、郁达夫等等。

16 岁，张典婉到台北世新大学念新闻专科，毕业后进了《台湾日报》当地方记者。1995 年和 1996 年，张典婉的两部当代报告文学作品《一些大陈人的故事》和《海上女骑士》，蝉联两届《联合报》报告文学奖，这也为她完成《太平轮一九四九》的创作打下了报告文学的基础。

1948 年 12 月，张典婉的养母搭乘太平轮从上海来到台湾。一个月后的 1 月 27 日，巨轮在它的第 35 个航程沉至舟山海底。死里逃生的养母听闻噩耗，默默将从上海带到台湾来的小狗改名为"太平"。童年的张典婉是听着太平轮的故事长大的，饭桌上，养母总会不厌其烦地提起，"这刀子是坐太平轮来的，这叉子是坐太平轮来的，这桌布是坐太平轮来的……"

直到 2000 年养母去世，张典婉在她的遗物中看到父母早年在上海的私人物品。有她和父亲 1946 年的上海身份证和记满上海时光的记事本，上面有每位朋友的地址和电话：愚园路、淮海路……电话都再也无法接通。张典婉抱着养母留下的皮箱号啕大哭，才意识到"太平轮"对养母和自己而言的意义。这艘永远沉没的巨轮，是养母无法再度回溯的、永远沉默的往昔，也是自己未曾谋面的乡愁。

"冥冥中我就是注定要帮那个年代写一个故事的。"张典婉觉得自己该做些什么。2004 年，张典婉参与到凤凰卫视《寻找太平轮》纪录片的采访，此后正式开始了《太平轮一九四九》的资料采集工作，一埋头便是 5 年。

她到台湾和上海的档案馆翻阅历史资料，不放过任何一篇旧报纸上关于太平轮事件的报道。为了采访到与太平轮有关的人物，包括生还者、罹难者家属等等，她在报纸上刊登启事，一有消息就立刻动身前去确认，收集一切可能的记忆碎片。

回忆的过程也是在被访者"伤口上撒盐"的过程，有人拒绝接听电话，有人勃然大怒，有人怀疑她的动机，好几次到了被访者家门口，还是被轰了出去。一年多后，张典婉才等到了《太平轮一九四九》的第一个故事，巨轮沉没后被救起的 38 人之一，叶明伦，当时已经 90 岁出头。慢慢地，其他的幸存者、罹难者家属、见证人都汇聚过来，最终采访了一百余人。

花了整整 5 年时间去写太平轮，见证了太多的悲欢离合故事，这对张典婉来说像一场洗礼。"历史没有颜色，只有温度"，她常常用这句话来注解自己坚持做这件事的原因，她不想写历史洪流，只想记录大时代里的小人物命运。

2014 年 12 月，吴宇森导演的电影《太平轮》上映。演员阵容强大，金城武、章子怡、宋慧乔、长泽雅美一众明星加盟，讲述了在 1949 年的那场近千人罹难的"中国泰坦尼克号"海难中交织的三段跨国爱情故事。

在真实的灾难中，大部分乘客如蒋经国好友俞季虞、袁世凯的孙子袁家艺、神探李昌钰的父亲都命陨深海，无数家庭的命运因此改变走向。有妹妹一直在打听大哥的下落，将近十年后才得知他想尽办法买到一张退票，登上了最后一班太平轮。有位父亲在登上太平轮前，给已到达台湾的妻子和女儿拍电报，要 "与你们一起过年"，从此再也没有音信。

张典婉的作品《太平轮一九四九》出版于 2009 年，耗费 5 年心力，得知电影《太平轮》即将拍摄，许多朋友都以为是张典婉的书要改编成电影，纷纷跑来恭喜。这让她哭笑不得，因为电影情节并未使用《太平轮一九四九》书中记录的真实故事。

开拍前，吴宇森曾约见张典婉聊天，张典婉讲述了许多采访到的动人爱情故事。吴宇森听完后久久沉默，那时电影剧本已经完成，无法更改。最终电影借鉴了书中对历史碎片和场景的还原，这让张典婉感到很郁闷，"连太平轮的受难者家属都没有见过，就拍了这部电影，这样有点对不起那些遇难者和家属"。

2011 年，《太平轮一九四九》简体版在大陆出版，和台湾版一样，她将版税全数捐出，用于太平轮纪念和记录的相关活动。如今，张典婉与不少太平轮事件的诉说者仍保持着朋友般的关系，时常惦念，偶尔探望。言语里每谈及感人的细节和命运的奇妙之处，眼里都有光。

太平轮事件是乱世中人性的灯塔，它覆灭过，现在被亲历者用意识点亮，重新照亮了过往。当读者说这本书写得好时，张典婉总觉得不是自己文笔有多好，是那个时代讲出了自己的故事，她只是个记录者、代笔人。就像她在该书自序中说的那样，"逝者受苦的魂魄需要祈祷安息，幸存者及后代们的暗夜哭泣需要被聆听"。

岁月潜行中，张典婉仿佛也成了一条船，将那些无法自言的往事，渡到如今。

【因太平轮遇见不同的戏剧人生】

三明治：在书中，您印象最深、最有感触的是谁的故事？

张典婉：是我找到的第一个幸存者叶伦明老先生。从我在香港认识他，再到福州，再到他的葬礼，我跟他建立起很深的情感联系。

他其实有悲剧色彩，但生命里又很有韧劲。老先生27岁坐太平轮出事后被救起，留在了大陆，太太留在台湾，当时17岁，后来改嫁。我没有写在书里的是，他前妻后来生了三个孩子，怕他无后，让第一个孩子姓叶，你看她很有情有意，听说现在他们还住在南部。她90年代还去福州找叶老的家人，留了影。

我在福州办新书首发的时候，他也去了，连市长都要来，全部爆满，叶老先生很开心，后来他也参加了我组织的太平轮海祭。再后来，我去香港参加了他的葬礼。他人生的后半程是为自己而活。为了纪念太平轮，他后来还成为马拉松跑者，为自己跑，也为遇难者跑。我每次去香港看他，90多岁的老先生早上还要去帮我买牛奶，陪他慢慢跑一圈，每次都要买水果让我带走，很感动。

三明治：书中说到有不少遇难者的后代都去了美国发展和生活，他们的故事有没有因为更大的地域跨越，变得更有戏剧性？

张典婉：太平轮事件的采访对象确实有不少在美国。2014年书快写完的时候，有一个采访对象突然出现，我就在书的增订版里写了进去。

她很特别，三岁时被留在天津，妈妈怀着妹妹先到台湾，爸爸就在太平轮遇难，哥哥在美国。这个女生就一直留在中国，她和家人始终没有在一起。她妈妈后来改嫁去美国，尼克松访问中国时她写信给尼克松，要找她的女儿。当时这个女生被下放到新疆乌鲁木齐，也没念书，人家说你妈妈写信来了。这个女生就带着自己的两个小孩到了天津，拿到妈妈的信。她妹妹1949年出生在台湾，很小的时候被邻居抱到法国不见了，长大后也回到台湾找到了妈妈。最后哥哥写信来告诉这个女生，全家在某年某天要在香港的希尔顿酒店相见。

那时候中国刚改革开放，她带着孩子坐绿皮火车去香港，周围的人都说，你们去吧，去美国就不要回来，不要回来，她当时就流泪了。到了香港也很神奇，她看到和她穿一样衣服的人在大堂，那个人就是她的妹妹。

后来，她妈妈已经是一个老太太了，把一家人迁移到威斯康星，他们就成了威斯康星第一家中国移民。再后来他们又去纽约，在唐人街租了个地下室开始做手工，他们其实就是《北京人在纽约》的故事原型。我是在纽约第五大道采访的她，那时她叫伊丽莎白，开了一个舞蹈教室教国标舞。看到她时，真的觉得这样的人生好戏剧化。

我在美国还约了李昌钰，他的助理开车两三个小时从康涅狄格州过来，我们三个家庭一起吃饭。他们的人生太奇妙了，来自不同的家庭，都是太平轮受难者的后代，而我只是一个写书的记录者，我们就这样在纽约相见。在第五大道我从后面拍了他们俩的背影，看到这样的画面很感慨。

三明治：当时写书的时候，这段历史在大陆还不被很多人了解，搜集资料有没有遇到过一些障碍？

张典婉：我觉得还好，那时候两岸关系已经不错，媒体朋友都很帮忙。公开一个寻人信息，就会有一些相关的人找来，与我联络。后来我去了上海档案馆，一份份资料混着没有打开过，都是灰。很多上海人知道太平轮的事，都是老一辈人的记忆，找过来告诉我们。所以书里的人物年龄跨度很广，有的是经历过的长辈，有的是小时候坐这条船的，各省份都有。他们见证了两岸通商，每天 50 个班次（指轮船），很盛世，是个时代的印记，很多人不知道，是因为这个当时是两岸的禁忌话题，后来就好了。

三明治：您的养母是上海人，您为了搜集资料也多次到上海，对这座城市有没有特别的感受？

张典婉：我还蛮喜欢上海，上海的服装很棒，我以前去上海都会去做旗袍，在董家渡。我最近采访一个老先生，他和我讲我妈妈年轻时在上海的故事，穿高跟鞋，和他们一起去郊游。我回来讲给我女儿听，我女儿说外婆当年就是现在台湾的孙媛媛，就是名媛的意思。

我妈妈来台湾以后就是个客家农村妇人的模样，但她还带了鱼口鞋，当时穿着拍照，我的朋友看到都说 "你妈妈好时髦！" 我现在还留着她的鳄鱼皮包，她带来了好多精致珠宝，都是外婆留给她的，现在我再拿起来看，那些复古的碎钻等等，就觉得，哇，当年的上海，生活方式等都太赞了。

【"也有'哇，觉得好痛苦'写不下去的时候"】

三明治：太平轮的故事很多是灾难性的，也有负面力量，写作的过程有没有受到负面情绪的影响？

张典婉：说到重点！我平时有运动的习惯，练瑜伽、打坐，会让自己沉静下来。写太平轮也有"哇，觉得好痛苦"写不下去的时候。我在美国的时候，有朋友帮我约写《南京大屠杀》的张纯如，结果还没见面她就自杀了，她就是消解不了这种情绪。我当时心里好难受，我就觉得自己不能变成这样，所以平时会看看电影、旅行，去跳跳舞，不让自己在这种情绪里太久。

三明治：您写了关于太平轮事件这样一个大的灾难，会不会有宿命论的想法？

张典婉：我不会。我对这种东西的看法，尤其在写过书之后，觉得有些事是可以改变的。太平轮当时的情况是可以被改变的。如果不是宵禁的时候开出去，如果不是超载了这么多人，如果不是晚出发这么久，如果不是处于战争时期，这艘船永远是一个 happy ending（美丽的结局），很多事情都是偶然的。

我不会觉得这是个宿命论，太消极了，也不会觉得这就是"命"，有很多事情无法预测，所以反而要珍惜比如像我们这样的见面，大家有这样的缘分相聚，就是要珍惜当下。

三明治：关于"自我"和"生命"，也有了不一样的感受吧。

张典婉：对，其实我觉得所有人都是共同体，大家都是在一起的。太平轮上承载了这么多故事，每个人的故事都很精彩，但每个生命故事的关键，都在于如何去过好自己的人生。如果像刚才讲的宿命论的话，遇难者的后代都心想 "不要活了"，就不能好好面对后半生。我写的这些人，我觉得他们都有好好去度过自己生命的后半程。

三明治：您的心态还蛮好的。

张典婉：对，我蛮喜欢做手工，以前自己也种花，逢年过节都会请朋友来吃我做的饭。我还养狗，做社会服务工作，把自己变得更活泼。像我这个年龄的人，很多退休后就都只是生活琐事，或者微信上转转养生的内容之类，我觉得自己人生不要这样。每一天都要活得快乐，把自己打扮得漂漂亮亮，哪里有好吃好玩的都要去试试，说不定哪天这种日子就没了。

尤其从太平轮的故事里可以看到，那么多人有那么多财富和经历，一个船难就都没有了，我们也可能随时失去。所以特别鼓励人们把握当下，想做什么就做什么。我之前生了一场病，医生说还好不要化疗，我就去旅行，和朋友玩，我的人生一直很愉快，孩子也大了，不用担心。

三明治：太平轮的故事，对于很多读者来说影响很大吧？

张典婉：是的，就有人看完《太平轮一九四九》之后跟我说，觉得很疗愈，觉得自己其实已经比他们都幸福，没有经过生离死别和人生剧痛，这种意外是不可预知的。还有一个长沙的读者和我说，她妈妈不过是一个在江边长大的孩子，看了我的书也一直哭，因为觉得那是她们那个时代的故事，这种人与人之间的心心相印很动人。

三明治：齐邦媛曾经提到，一些沉重宏大的命题，很多台湾的年轻作家也不愿意去做了，这样的文字不应该没有人来做，很感慨。您怎么看？

张典婉：是的，关于国家认同或者忠孝节义，年轻人看不下去，所以要用别的方式让他们了解。比如像穿越剧我觉得挺好的，让很多年轻人开始读历史了。我儿子在美国念书，很迷历史，还去看袁腾飞的视频，和大陆网友在网上"大打笔仗"讨论历史问题。

三明治：台湾现在有没有对太平轮事件的跟进，或者相关的历史记录？

张典婉：很少，我觉得这方面大陆做得比较好，比如崔永元他们在做口述历史的事。我们很鼓励大家做家族史的记录。现在有一些人和博物馆，在做台湾老兵的记录，我有朋友之前在写一本叫《一甲子的未亡人》的书，讲组织山东流亡学生赴台的张敏之校长被枪毙后，张校长太太的故事。做完访问后，老太太也过世了。

【大病初愈，回归个人写作】

三明治：您做报告文学和非虚构写作比较多，有写过小说吗？

张典婉：也有，没有成集，多是女性小说，我自己也常用小说和散文练笔。前阵子在《新周刊》，我有写关于公公的爱情故事，上个月刚登。

三明治：到了三十几岁，写作者会面临很多生活压力，您在三十多岁获得了《联合报》报告文学奖，那时是一个什么状态？

张典婉：当时辞了职，刚好也是个机会，专心写作，所以拿了奖。那时台湾正好是做电视的风潮，我自己又成立了一个传播工作室，接电视台的节目。后来我推动成立了客家电视台，大概花了一两年时间，中间整合很多人和事，做了很多准备，从无到有。还好成果都不错，赚了不少生活费，过得比较优渥。中途我还进政府部门做了两年，2004 年我就开始参与凤凰卫视有关太平轮的纪录片。

三明治：您的很多作品是报告文学，通常都会觉得报告文学很枯燥、不易读，您认为怎样的报告文学作品是好的？

张典婉：我觉得好的报告文学不应该像新闻报道，金字塔写法什么的很讨厌。好的报告文学要有小说和散文的基础，这样才能很好地安排人物的出场顺序，不然人的白描速写都没了，很难看。很多报告文学很厚重，把大段历史内容硬塞进去，全部都是资料，那种就不太值得阅读。

三明治：您最近有什么新的写作计划吗？

张典婉：最近在写一篇关于家族史的散文，叫"斗焕坪 57 号"，因为我的家住在斗焕坪，这个地名就是以前用"斗"来还"坪"的意思。另外，最近和朋友准备开始写关于东瀛列岛的故事。

因为前段时间生病，医生嘱咐我不要工作，所以暂停了一段时间。医生就跟我讲，你就拼命玩，也不要写长篇了，太费精神，叫我写点小短文就好了，不要太费神，尽量出去玩。所以最近好一些了才又开始写作。>>> >>>

纪录片导演何明瑞：

活在"50岁大限"
##　　的预言里如何做自己

19 岁那年，何明瑞爸爸的朋友用紫徽斗数帮他算命，言之凿凿，"你的大限是 50 岁"。一并预言的还有，"你这辈子会有两个儿子"。

何明瑞今年 49 岁，是一名纪录片导演。两个儿子这事儿已经应验。"那 50 岁寿命的预言会准吗？"他偶尔也会想。

"我不会说我只剩下一年的生命，但是我把它设定好，我要在 50 岁生日之前，完成要完成的事。"他要完成的事，就是用自己的视角和情感去拍台湾这片土地和土地上的人。

回乡饭

落番客的回香味

HOMECOMING FEAST
A wanderer's taste of yearning

文 | 雅君　图 | 由受访者提供

从折纸箱的少年到演员班学员

何明瑞家在南投乡下。19 岁离家上班，父亲对他的交代只有两句话：别害人，也别被人害。那时他对未来并没有明确规划，自言是"人生无大志，就想找一个安安稳稳的工作"，于是进了工厂做纸箱。为人老实，做事又不惜力的他一年时间就成了车长，管一条生产线。

工厂按一天完成的纸箱数目来算业绩。有的纸箱工艺简单，一天能做上万个，是好活。有的纸箱工艺复杂，一天只能做几百个，是大家都不爱做的差活。公平起见，通常每个人领到的任务都是好坏搭配。有段时间，厂里有人想整他，分给他的活全是差活。累死累活一天做完，业绩还不到别人的一半。他和厂里提了两次，结果都不了了之。

既然有人不想让我在这里待，那我走总成了吧。他这样想着，找厂长辞职。厂长问他原因，他不想说出被穿小鞋的事，就胡乱讲了个理由："我要考演员班。"结果厂里主任在旁边悠悠说了句，"你不一定考得上"。

这句"你不一定考得上"激得他当场顶撞："你怎么知道我考不上？"对于一个乡下来的孩子而言，这是基本尊严被羞辱的大事。

于是假戏真做，何明瑞真去考了，也真考上了。那就硬着头皮去上课吧。

如今接人待物妥帖圆融的何明瑞，在那时还是个没说几句话就会脸红的木讷少年。他在课上被老师要求打开身体，用肢体去表演、去传递信息；也被要求走上街去观察路人，去看路人的外表穿着、言行举止，从中分析他可能做什么工作、来自什么阶层、有什么喜好……他有意识地培养自己去观察、了解别人，以及如何用身体、语言、神态去表达自我，"像是开窍了"。

日后的纪录片拍摄，何明瑞也从表演课中获益良多。"我了解对方想要什么，也因此能更快速地取得别人的信任，得到想要的协助。"

演员班毕业后，他去过剧组美术组，又进了一家广告公司，做各项统筹协调工作。但他很快发现，广告行当很多拍摄术语自己压根听不懂。为了更好地跟导演、摄影师、灯光师沟通，他又报了个华视的摄影班，上了半年的课。

那时他完全没想过，以后自己会扛着摄像机拍纪录片，更没想过要当导演。

第一次在片场拿起机器，因为一场冲突

有天导演有事去不了片场，交代何明瑞转达摄影师要拍哪些素材。结果摄影师不认可导演思路，不肯拍。

他好脾气地跟摄影师商量，温言软语磨了半天，摄影师始终不肯，最后扔了一句"不拍了"，作势要走。何明瑞也生气了，想着自己也学过，暂时顶一会还是成的，拿起摄影机就开拍了。

"其实啊，那摄影师也没走，就站在现场留着看笑话。"摄影师看了一会，觉得何明瑞拍得还有模有样，也紧张了，赶紧松口说好啦我来拍我来拍。

这场小小的风波，让何明瑞意识到有个拍摄本事是个很不错的事。"有想法，不用再通过别人帮我执行，当下自己就能拍。"他开始尝试自己拍摄。

公司最早接的都是广告片，后来接政府的项目，以风光宣传片为主。政府单位有时就会提要求，比如让他在旁白里多讲点自己单位服务当地民众有多用心，甚至要加一些数据，像是今年亩产粮食多少斤之类的。

他不愿意。"干吗刻意去讲台湾多好，你让观众看到这些人在这块土地上怎么样用心过生活就好了嘛。"但无奈接的是标案，尾款在对方手里，自夸政绩的内容不能不放。

为了节约本来就不多的制作经费，一个在他看来应该要花三五天、好好蹲点拍摄的地方往往因只能拍一天就走，作为创作人，他时常有种"没拍透"的自责和遗憾。但案子一个接一个，拍完这个赶着下一个，很多事，也就是当时想想而已。

何明瑞属于那种老板最喜欢的员工，认真踏实，交代的任务无论如何都会想办法完成，没什么活络心思，在广告公司一做就是16年半。

从公司离开，用他的话说，是个有点黯然的故事。因为一些不愿再提的内部人事斗争，何明瑞再次选择离开，和21岁那年离开工厂一样。

这一次，他不仅是想离开公司，还想索性离开传播这个行业。"就是有点心灰意冷吧。"

"何先生你离不开传播业"

辞职后干点什么？何明瑞考察了一番，想开个马来西亚餐馆，因为太太是马来西亚人，自己喜欢吃马来西亚菜，又刚好认识一对开马来西亚餐馆的夫妻可以合伙。于是很快找好了项目、合伙人，还选好了场地。

就在筹备餐厅期间，有人联系他去给一个乐队拍环岛巡演的纪录片，报酬还不错，他想着做完这单就收手，就去了。环岛拍摄结束的日子是那一年的 5 月 11 日，5 月 12 日是太太生日，"我打算回来后陪太太过完生日，5 月 13 日就去开餐馆"。

环岛拍摄刚出发不久，何明瑞就在朋友家遇到一个学禅的人，那人看了他的七轮，说："何先生你离不开传播业。"他瞪大了眼睛表示不信，"我 13 号就会做餐饮业"。对方摇头，"不可能"。他也摇头笑，"你说的才不可能"。

结果，环岛拍摄之旅走着走着，想做餐厅的念头，还真如预言一般慢慢淡了。继续做传播的念头，则不断被朋友用"有个有意思的新案子你要不要接"这类的话撩拨起来。

也是在这个时候，何明瑞想起了 19 岁时听到的"50 岁大限"的预言。那一年他 41 岁，如果预言为真，还有不到 10 年。

"就给自己两年的时间，不管结果是成功的还是失败的，至少我做过了，我不会在 50 岁两腿一伸的时候后悔我当初没有做。"何明瑞一口气说完，笑笑，补上一句，"要是真的不行，就赶快回来赚钱。"

接下来的事就是说服太太，卖掉了一栋房子得了 200 万元，100 万元给太太养家，100 万元拿去开公司。太太虽然有意见，但也没办法。

成立公司后，他拍了许多苗栗、金门当地风土人情的纪录片。这类片子通常可以申请政府补助，但比例不高，最多占制片成本的三到五成。剩下的部分，就要用自己的人力、时间、器材填上，不够的再去找朋友赞助。

到现在，开公司也没怎么赚钱，"因为赚的又拿去拍别的片子去了"。但乐趣在于自己能主导拍片，可以推掉不喜欢的，做属于自己的东西。

何明瑞自己也没想到，纪录片这条路一直走到现在。"我想把我对台湾这片土地的情感，用自己的方式记录下来，去拍这些朋友在用怎样的方式过生活。"

有个期限提醒着自己，想做的事要抓紧

拍金门纪录片的那两年里，何明瑞在金门一共待了一百多天。金门拍久了，何明瑞总被人当成金门人。

在拍金门民俗迎城隍时，父亲病危，何明瑞对着城隍许愿说："求你让我爸爸过了这一关，我会好好拍金门。"等他回到台北，父亲病情有好转，但最终还是离开了，带父亲到金门走一走的愿望最后还是没能实现。

后来，何明瑞自编自导自演，拍了一个讲述金门游子回乡的微电影《回乡饭》。"金门人离开家乡，为了能够有所成就。我离开家乡到台北来工作，也是希望哪天能带着爸爸妈妈，去好好地走过我曾经拍过的地方，但是我没有做到。金门人回到家乡的时候，也常常是父母不在了。"他说着说着，眼泪滚落而下，一边拿纸巾擦，一边连声抱歉自己的失态。

人到中年的何明瑞感情依然温柔细腻，对人与人之间的关系有很深的眷恋。他习惯把拍摄对象统称为"朋友"，以对待朋友的方式去对待他们，用交朋友的方式去拍他们，他们也会把他当朋友。这是何明瑞做纪录片的乐趣。

从自己开公司的第一天，他会和所有被拍摄人说，"如果你有需要，我可以把我所拍摄的素材，甚至完整片，全部拷贝给你，拿去用。"在他眼里，他拍到的画面是属于所有人的，自己只是有幸拍下来，不是自己独有的。

有时何明瑞会想，这些资料放在自己手上，万一哪天公司倒掉了，或是自己到了"50大限"走掉了，没人去管，这些东西可能就不在了。现在把视频资料都给了朋友，拍的是他们自己，他们更有动力去好好保存自己的影像，这个东西就能被留下来了。

何明瑞理解的纪录片，是要把行进中的时光留下来，让以后的人也能看见。

"就好像有个期限提醒着你，要做的事要抓紧。不过如果我50岁后没有去世，那之后的每一天都是我赚到的。只要我能够多活一天我就多做一天。"何明瑞微笑着喝完了手中的茉莉花茶。 >>> >>>

>> 129

创业者杨阳：

我在台湾一边念书，一边创业

采访 | 阿少 尹君兰 编辑 | 李依蔓

杨阳是一名在台湾念研究生的大陆学生，但他又不仅仅是一名学生。

他的另一个身份，是创业者。

第一眼见到杨阳，就感受到一股蓬勃的拼劲儿，这是创业者身上常见的。他彬彬有礼地和我们打招呼，笑起来显得年轻，但始终捏着分寸，瘦削而挺拔的身子像是拧得极紧的绳子，时刻准备着捕捉机会。

2013 年，杨阳的一名初中同学给了他一条微博链接，内容是台湾宣布2013 年起新开放湖北、辽宁两省的本科毕业生申请去台湾读研究生，且从原来的仅限 985 高校扩大到 211 高校。"当时就感觉自己不申请会对不起台湾的教育资源。"于是杨阳花了 9 天时间准备申请材料，然后快递出去。

同年 5 月，杨阳收到台湾政治大学传播学院的录取通知。当时杨阳还不太了解这所向自己抛出橄榄枝的学校。7月，杨阳从之前的公司辞职，带妈妈去泰国玩了一圈，便飞到台湾当起了学生。

初到台湾时，杨阳第一个月看到繁体字招牌都会很激动，"觉得自己每天活在台剧里，有种走入影棚的楚门秀的感觉"。但时间久了，杨阳也慢慢透过自我想象的"偶像剧"外衣，看到了更多生活的真实。

研究生生活一年后，杨阳在台湾朋友的建议下，和朋友一起成立了台湾第一家专业简报顾问公司。简报，也就是我们通常所说的PPT（演示文稿软件）。

一名在台湾创业的大陆学生，有一个怎样有趣的故事？

中国三明治台北写作工坊的学员阿少和君兰，在台北的诚品书店和他聊了聊。

Q：中国三明治

A：杨阳

初到台北，像是走进一场"楚门秀"

Q：为什么会想到台湾读研究生？

A：这是陆生在台湾被问得最多的问题之一，我常开玩笑说是因为北京雾霾太严重。其实大学毕业时我给自己的目标就是先工作再读研，于是毕业后先去了人人网做 PM（产品经理）和 BD（市场拓展），再后来跳到百度市场部。在工作中遇到的很多问题，让我有一种似懂非懂、被掏空的感觉，于是我觉得应该继续学习。我个人的判断标准是，做没有人做过的事情，尝试着在有限的生命里尽可能多地去体验不同的经历，既然没有多少人来台湾，那我就来台湾。

Q：初来台湾的时候激动吗？

A：我们经常讲，谁的青春没有周杰伦，谁的青春没有孙燕姿？大陆 85 后一代深刻地被台湾娱乐影视所影响，我也有很多期待和向往。大学毕业那年我看《海角七号》被感动，后来也慕名拜访了很多台湾电影中出现过的地方。在台湾经常感觉自己就像走入了历史，比如政大教学楼的名字，都是以民国早年那些大儒大家的名字命名的，而我的家乡武汉也有很多和民国历史的连接，所以看到这些东西会更有共鸣。

Q：什么时候开始触摸到真实的台湾的呢？

A：我的家乡武汉和民国的渊源很深，所以刚来的时候每次打招呼我会充满情怀地说："大家好，我来自武汉，辛亥革命首义之都。"结果往往是对方没有任何反应，也没有共鸣。一连串的事件让我发现，大家的很多想法是不一样的，也深刻感受到因为社会冲突导致个人的冲突。但是政治观念有时也不会影响个体之间的正常交往。

Q：你是怎么看待台湾和大陆年轻人的政治热情呢？

A：我觉得两岸的年轻人都很有政治热情，之前我观察到的台湾年轻人并没有很关心政治，觉得过好自己的生活把握好"小确幸"就可以了，但一些事件之后，他们意识到两岸关系真的会影响自己的生活和未来，因此开始关注政策。大陆文化更包容，更多元；台湾目前虽然也推崇多元文化，但非常强调本土意识。我有些朋友来台湾工作出差，还有大陆新娘，我希望把这些在台湾的大陆人介绍给台湾的年轻人，直接面对面地沟通，而不是被媒体和教育所影响。

Q：两岸的政策对创业有影响吗？

A：有，对大陆人在台投资有一定的影响。此外，按照现有规定，陆生不能在求学阶段打工，更不能在毕业后继续留在台湾工作。台湾官方认为，如果放开人才市场，会影响当地就业，但其实，我现在在台湾创业，反而创造了 20 多个工作岗位。我曾经和台湾官员沟通并建议，希望他们能给陆生发放创业签证，但没有得到更积极的答复。

>> 133

创业即修行，戴着镣铐跳舞

Q：谈谈你的创业情况。

A：吴念真说"有限制才有自由"，这句话启发了我。2014 年 10 月，我几个学弟学妹来台自由行，他们建议我在台湾几年不要只拿一个学位，而是要把握机会尽早创业，不论最终失败还是成功都是加分项。2015 年初我了解到现在的合伙人，认识之后，决定一起成立台湾第一家专业简报顾问公司。后来我们服务了太古可口可乐、远雄人寿很多知名企业，团队也从两人扩展到了 20 人，在台北和深圳设立了公司。

Q：你的合伙人是台湾人吗？你们各自看重对方的什么特质呢？

A：对的，他是台湾人，我看中的是他之前的培训经历，他两岸三地都待过，培训过100多位苹果公司的讲师；他看中我是因为想找个有大陆背景的，以后去大陆创业。不过，我常开玩笑说再好的夫妻也有100次离婚的冲动，再好的合伙人也是如此。我们也常因为不同的观念产生矛盾。

Q：你觉得来自大陆的员工，和来自台湾的员工有什么分别？

A：两边的员工有差别，他们有不同优势。台湾这边更擅长创意思维和发散性思维，而大陆的同仁执行力更强。所以两边合作是很好的互补，如果能联合两地优势，一起拓展国际市场，会是我乐见其成的。

Q：在台湾创业，有什么独特的优势吗？

A：台湾非常适合做标杆客户，对我们来说，是一个很好的创业起点。台湾商业集中在台北，台北又高密度地汇聚了世界500强，所以我们很容易接触到这些大公司，这在大陆是难以想象的。而且因为交通便利，在台北我们可以一天拜访5家客户，在北京能搞定两个就不错了。

Q：父母支持你创业吗？

A：今年过年时，父母说了句"玩够了就收手吧"，他们想让我回去上班，做一个安分守己的上班族。可我为什么要收手呢？最苦最难的头一年已经过去了，我们现在慢慢迎来收获。今年公司成长很快，无论是营收还是影响力，你能看到里程碑在一步步往前推进，一步步接近之前设定的目标。虽然过程中仍有一些问题，或没能达到预期的想法，但能看到那个势头是好的。何况如果我回去上班，和我之前在北京时有什么分别？在大城市生活和工作，即使有不错的收入，做一个上班族，终究还是一个漂泊的月光族，我也存不下钱买房子。

"何去何从"，30 岁的彷徨和执着

Q：创业的过程中，有过特别痛苦彷徨的时候吗？

A：我觉得我现在就处在这样的时刻。我不知道我下一步该去往哪个城市。我答应过我爸 30 岁之前会回武汉，但作为一家做品牌的公司，总部设在哪儿还是很重要的。我们本来是要带团队去深圳，但是目前为止公司里报名的人不多，而报了名的我觉得又不够胜任，还没有最终决定。创业就是每天都活在不确定中，你醒来都不知道你明天要睡哪里。其实 6 月底，学校宿舍的租约就到期了，之后我每天睡在公司，拿个睡袋，铺个垫子，睡到现在。人生就在于经历不同的事情，而且这都是你以后可以拿来说嘴的故事：我睡过公司地板、在台湾创业过、去过台湾每一个县市，这是和别人不一样的地方，是未来的养分，也是培训时的素材。

Q：创业的内心的消耗是非常大的，在台湾这样的旅游胜地，如何补给能量？

>> 135

A：我走遍了台湾的每个县市，除了两个离岛。特别喜欢台南，它是台湾的起点。旅行让你看到不同的人在不同的地方以不一样的方式生活。比如我去高雄和台南时，才发现生活可以这么慢。台南有一些小店，想开就开，想不开就不开，全看老板心情。大陆的餐厅可能只有除夕不开门吧，如果周末也不开的话，可能早就倒闭了。他们关照自己内心的感受，是为自己而活，而不是为其他人而活。

Q：你觉得在台湾的这段经验对你创业有帮助吗？

A：来台湾念书，对我来说，是一个不会后悔的决定。尤其是我来这里的前两年，觉得自己看问题、看世界的角度在不断刷新中，好像既有的观念每天都在被"打脸"。在台湾，我的"三观"被重构了一次又一次。我想这就是我来这里的主要目的。

Q：台湾的广告业在华语广告里做得非常不错，在台湾有什么具体的感受吗？

A：我们大学学的广告文案，都是台湾的诚品书店、左岸咖啡、中兴百货，大陆的广告业最早也是港台的广告人带入的，很多传播界的前辈都是政大的校友。我个人觉得台湾广告传播更关照消费者内心感受，光从房地产起名字就能发现，大陆目前阶段还是高大上，"君临天下"、"王者风范"，我去年租房的隔壁有一个新建的楼盘，名字叫"阅读春树"，得名于日本作家村上春树。像这样更多关照小人物，或者单个内心个体，而不是单纯地求大求同，值得我们参考借鉴。

Q：你刚来台北时，对台北和台北的人，会带着一种想象，或一层滤镜，现在这层滤镜还在吗？你觉得你现在更像一个大陆人，还是当地人，还是其他的身份呢？

A：前两天，我的合伙人问我，离开台北时，你会想念这里的什么？我说，我会想念这里的秩序感。什么意思呢？这里的人不小心撞到了，大家都会说对不起；搭捷运时，大家会先下后上。我还记得我刚来这里的时候，所有人下公车都要和司机说谢谢，让我感到很震撼。在我家乡武汉，如果你下车和公车司机说谢谢，可能别人会把你当神经病吧。我所说的这个秩序感，包含一种对彼此的尊重，遇到事情的时候，先想着尊重他人，而不是争先恐后地你抢我夺。当然，台湾也不是尽善尽美，但你要在这里至少待上半年才能看到，你要和这个城市一起经历春夏秋冬，才可能看到更深入的问题。
>>>　>>>

破茧

城与人

破茧计划，是由中国三明治发起的非虚构写作项目，也是国内首个大型非虚构写作计划。

破茧计划第一期于 2015 年 9 月开始，数百名申请者中，16 名学员脱颖而出，在 13 名资深导师的指导下，写出了许多动人的非虚构故事。2016 年 10 月，破茧计划第二期启动，更多真实动人的中国故事正在被书写。

2016 年初，破茧计划第一期学员的作品《破茧 001：你未曾体会过的人生》结集出版，从殡葬业、广告业从业者生存现状，到当代青年的求学、迷茫与婚恋观；从家人的酗酒、患病、离世、家庭变迁，到儿时的城市、非洲的生意、赌场的一夜，年轻的写作者们聚焦身边真实生活，言说世间平凡故事。

本部分的两篇作品，来自破茧计划第一期的两位写作者，他们用自己的笔触，记录下他们生活城市中的故事。

鼓浪屿困境：

岛塌的十年

文 ｜ 栗子酱　图 ｜ 栗子酱

1

十年前，鼓浪屿的一个雨夜。

我独自坐在阳台上看书，已经是晚上 11 点了，潮湿的植物气味让人平静。 初夏的台风季，透雨已经连下一个月了。

突然，有沉闷的声响传来。好像几千个装着水泥的布袋砸在地上，轰一声之后还陆续有尾音。我探头看到街边有黄色尘雾，自左而右迅速弥漫。天还下着雨，竟然能漫起尘雾。

立刻，一声凄厉的尖叫传来。

女孩的尖叫像一把细刀划开岛屿上空，我的心一下惊到。在此前我从来没有听到过这样的叫声，在这安静的鼓浪屿，或许几十年也不曾有人在深夜发出如此凄惨的声音。

爸爸妈妈从房间里冲了出来，厝边邻居也都探出了头，整片街区的灯都亮了，所有人离开自家房子，往声音和烟雾的源头奔跑。

转过街，才看到街坊白猴家的三层楼已经碎得像压成渣的威化饼一样，只剩下不到一层楼高了。

街道处叫来了岛上唯一的驻军八连挖房子救人。前面的人侧过脸来，告诉我们："白猴的房子塌了，他在里面。"

原来刚才那女孩在叫"阿爸"。

房子塌之前，街道办的人早已经进来拉人了。本来一家三口都已经被劝下楼了，可是白猴临时想到有东西没拿，又跑进楼里去。就在那一刻，房子塌了。

"白猴本来命大，说不定可以救出来。"旁边的街坊议论着。白猴在 "文革"的时候也是造反派，在岛上武斗被子弹打中过都没死。

"干，他家要修理厝（房子）都申请十年了！十年都不批，你看现在整座房子塌塌去死了！"他家一个熟识的朋友在那里大声地骂。雨声很大，但他的声音还很清晰。

我依稀记得，岛上没有挖掘机，轮渡停船了，要从厦门运大型机械恐怕要到第二天。当时大家是用铁锹挖的，挖了好几个小时没有进展。暴雨还在一直下，我心里忐忑得很，只想在那里站着，可站在那里也帮不上忙，最后还是随爸妈回了家。

听说后来在早上 8 点的时候挖到了白猴。

他在楼塌的那个时候，已经被折成了两截。

"可惜了，白猴这个人总是笑笑的，看到我都叫我阿英。"妈妈多年后想起来，叹了口气。

那一年春末夏初的台风：珍珠、碧利斯和格美，每一场都带来了丰沛的降水。我以为白猴的房子倒塌是一个悲伤故事的结束，却没有意识到，这也是另一个悲伤时代的开始。

2

"你知道 2006 那年夏天下大雨，附近的老房子塌了死了一个人吗？"立达问我。他三十几岁，前些年留着长发，最近却剪短了，一副干净利落的样子，是个犀利敏锐的商人，说话喜欢用"你"字，显得气势十足。

立达家临街，我从幼儿园上学开始，天天经过他家。他家的红砖园子里有很大颗的浆果树，总会落下气味酸甜的黑紫色浆果，一脚踩上去香气就裂开来。这倒是片安静的乐土，各色猫咪经常造访，随手扔下西番莲也可以蹿高了结出果子，院子里的花种类多，开得热闹繁重得站不住脚，倚靠在石栏杆细砖路上。

白猴死后，"冷冻"法令暂时解除，立达家的房子是第一批被准予重修的。2006 年修整后，当时许多商户看中立达家空间大，纷纷要租来卖干果。立达坚决不肯，且不说这幽静的红砖楼房深深庭院被用来摆上咸鱼龙眼干有多不搭，单是每个月微薄的房租也抵不过商户乱改乱建带来的损失。

立达决定自己开咖啡馆。

一开始，一切还是很美好的。2006 年刚起步的时候，立达在鼓浪屿的褚家园咖啡馆吸引了刚刚兴起的"文青"群体。当时的"文青"还不是个贬义词。立达说："不过是一些奇怪的人在那里做看不懂的事情而已。对当时的鼓浪屿居民，虽然觉得怪怪的，但是总体来说还是没影响。"当时的这批人，属于较早开始旅游的一批人，消费能力高，也愿意欣赏本地的生活和文化。

"然而从 2011 年开始，世界就跟你想的完全不一样了。" 在这之前生意好做，立达没有太注意外面的变化，可是从 2011 年开始，他注意到岛上几乎是爆发式地开店，并喷式出现的，是"摊贩式"的商业形态：烧烤，小吃，水果摊。

立达认为，这种摊贩式小生意对于岛上较为高端的商业的打击几乎是致命的。"你说烧烤，10 元钱一串，一天可以卖多串，一次摆一排，十几分钟可以烤一百串。那是多少营业额？占地才 3 平方米。你说，怎么竞争？"

可这类形态的兴旺，却也说明他们很好地迎合了岛上人群的口味。岛上人群在这十年逐渐发生了改变，"文青"变成了一个供调笑戏谑的贬义词：长裙，草帽，头顶带花，对着镜头噘嘴眯眼拍照。

"35 元钱一杯咖啡，你觉得算贵吗？"立达问我。

立达对咖啡颇有研究，原材料和机器都是不计成本地买，还经常赢得咖啡制作的冠军奖杯。立达家的别墅一共 1000 平方米，只有 90 个座位，平均每个人有 10 平方米的空间，他说："这个就是环境的附加值，但很多人没办法体会这个概念和价值在哪里。"

在鼓浪屿，一杯咖啡卖 35 元，大家都嫌贵。现在来咖啡馆里的客人，大多是大家庭式的，点两杯咖啡，围坐一桌，睡觉，充电，拍照，就这样过了一下午，流转率和营业额都很低。看起来像个冷面老大的立达语气里有一点无奈："你又不能很拽不接，因为根本就没客人啊。"

2014 年鼓浪屿开始限流后，他们的生意营业额就跌落至原来的四成，"连腰斩还不止"。加上旅游码头调整到内厝沃一带，游客们一路从码头逛至岛中心，沿街都是拉客的小吃店，走到立达的店早已吃饱喝足。

"政府想限流也不是坏事，在某些程度上，我也是支持的，至少目前对一般老百姓会清净点。我总不能光从生意人角度说话吧，我也是居民啊。"立达突然停顿下来，想了想，说道。

"但是岛上的商业形态比例没变啊。厦门算是很开明的，但是越开明，有时候越难管。"立达明白，政府也想提高入岛门槛，但是限流，只是人少了，业态比例没有变，岛上低端化的状态并不会因为限流而改变。

"鼓浪屿现在最根本的问题就是低端化，你低端了还谈什么文化？文化不就是高端商业背后的附加值吗？现在高端产业在鼓浪屿没人做的原因是，你根本就卖不上价钱嘛。成本高，人工贵，谁做谁死啊！还没有卖烧烤的赚得多。"立达的言语好像龙眼核一样一颗颗吐出来掷地有声。总结这十年，立达最大的感受是鼓浪屿标签的变化。在最早的时候，鼓浪屿的标签还是"海上花园"和"万国博览会"。立达觉得当时很多人过来就是羡慕鼓浪屿人的生活，来感受那种悠闲的海岛节奏。

再后来，鼓浪屿的标签是文艺、文青。再后面呢，这两年鼓浪屿的标签是美食和小吃。

"一个岛的标签从万国博览海上花园，变成文艺之岛，再变成吃货的岛。这就是一个什么？"立达问道。

"越来越 Low（低）啊。"他自问自答。

但是，喜欢烘焙和煮咖啡的立达，虽然有诸多不顺心，还是决定要继续把咖啡馆开下去。"讲得土一点，这里是我家啊，不然我要去哪？"立达反问道。

3

距离白猴的房子 100 米左右，是美莲姨她家。

今年春节放假我和妈妈上美莲姨家。她家是一栋层高很高的双层洋楼，躲在巷子尾。屋里面充满水仙花的香味，桌上摆着先祖相片，相片里的老人头上戴着瓜皮帽，读书人的样子。

我们一进门，美莲姨就开声洪亮地嚷着："我现在退休了，全身而退，退得一干二净，从品牌到工厂全部卖掉。"

美莲姨虽然 60 岁了，一双美目依然透亮有神。她穿着一件灰色条纹毛衣、窄牛仔裤和纽百伦运动鞋，总是一副坐不住的样子，起来关门，过来劝着你吃糖果后又劝着吃沙琪玛。等到坐下来了，美莲姨就一轮轮地泡茶，速度快极了，你来不及喝的茶水她就倒掉，再重新换上热茶。

"本来我在家里就常做馅饼，大家都来家里拿，都免钱的啦！"美莲姨说起话来，透着对自己的信心，常常迅速地将话题接过，说到俏皮话时，总兴奋地拍手大笑。"然后人家给咱们表扬一下，欢喜得要死的，我就一直做。十几年前儿子要开咖啡店，大家对我家馅饼评价好，我就提议在咖啡厅里面卖。"

当时街上的商品都没有"设计感"，馅饼也都是用花红柳绿的塑料袋装着。店家大多敞着门，雇几个小妹站在门口拉客人。而美莲姨家的馅饼，用儿子设计的新式纸盒包装搭配纸袋，在当时看起来挺有个性。他们的店，没有人站在外头招呼，门面看起来静悄悄。别人的咖啡店都是暗摸摸，美莲姨她儿子设计的咖啡店，却用很大的落地窗，亮堂得很。咖啡搭馅饼，这也是个独创。

美莲姨听到街上有人在议论这店："是个大学生开的，估计很快就倒了，哪有这样做生意的，古古怪怪。"美莲姨暗笑着走开了，这店就这样开着，红了，成为岛上第一家走红的咖啡店，从十年前一直开到了现在。在鼓浪屿原有的吃食上创新，把钱给赚到，美莲姨他们家的咖啡馆是第一家。鼓浪屿上的馅饼，也因着他们这家店，被全国更多人知道。

可在去年，美莲姨他们家把手中连锁的所有咖啡店、馅饼厂，以及多年经营打造出来的品牌全给卖掉了。

"有名气也不做了！我是觉得很累。"美莲姨跟机关枪一样停不住嘴："鼓浪屿就是这样不好，有人卖什么别人也跟着卖，有人卖珍珠，整条街都跟着卖珍珠，100元钱的珍珠可以叫到2万元，到现在 10元3条也有。什么好赚，所有人都冲进去做。之前国庆节那个大芒果出来了，很多人买。哇，开始全鼓浪屿，大芒人，小芒人，芒国，什么流芒世家还是流芒什么玩意儿的，全岛都是芒果。然后，就做不下去了，很多店就倒了。"

"馅饼也是这样，一旦有人开店，就算他自己没有工厂，他也去贴牌，拿出来都是三无产品。这种事情我们做不出来。我老公两年前癌症快死的时候，还跟我交代说你要照规矩做。"

美莲姨接着说："很多人问我，你家的芋头饼怎么有时候香有时候不香？买到好的芋头就香，买到不好的就不香呗。芋头松松，芋尾破一孔，不同时候采购，味道就会变。哪像别人家，一斤粉兑多少香精和色素，标准化的，什么时候吃，味道都一样，成本还不到我们的1/3。很多东西明明不好，连卫生证都没有，靠炒作，炒起来就行，游客也不懂，还嫌我们贵。"

"咱们本地的那个卖鱼丸的老人家，整天拿个八角碗，用汤匙吭吭吭地敲的那个，真正岛上最早做的，那才是正宗的。现在人来开店，注册个相似的名字，都去买做好的鲨鱼粉做汤，丸子就去八市随便买点掺硼砂的，比较脆。人家请得起团队炒作，店面还做得更漂亮，本地鱼丸怎么拼得过？"

"新来的这一批商户都是低成本经营，有团队会炒作的，背后还有钱，人家才能做起来。短短时间，开了好多分店，其他的本地店都要'谢谢收看'了。"美莲姨觉得市场上，他们家曾经的独创现在已经满街都是了，现在再精美的包装设计你在鼓浪屿上都可以看得到。而网络炒作这一块，也是她和家人无心去做的，但这偏偏在这几年的网络热潮里成了并不可少的一步。

"还有房租，我第八年租房合同到时间后，房租一下涨价几十倍。人家说也是行情价，现在鼓浪屿房价暴涨。"美莲姨两手一摊，"可我怎么做得下去？去抢钱？嘛是不能做！""我是真的觉得很累。"莲姨又重复了一遍。她的丈夫前几年得了癌症，美莲姨伺候了他三年，同时还要顾店，经营工厂，还要照顾自己九十几岁得了白内障的妈妈。

"幸好现在收手了。要是继续做，我也吃喝不下，每天担心那些房租压力就够大的。"美莲姨喝下杯子里的茶，最后说道。

4

"现在人都待不下去，鼓浪屿没人住那就是去死了啦！"老狗有很深的双眼皮，神态调皮，说话手舞足蹈的样，"一个房子不可能百年啦，就算可以百年，也不可能千年！如果没人住，没人修，最后就是没掉嘛，是不是？"

老狗 2011 年开了家庭旅馆，为了这事，跟他爸结结实实地吵了一架。他家在岛上也拥有一座独栋的房子。当时他爸爸心疼老狗辛苦，觉得没必要做什么生意，租给安徽商人，每个月拿租金就是了。

可老狗就想要好好倒腾一把，定准了主意就不打算改，还一咬牙把自己工作多年买的另一套房子给卖了，用来装修鼓浪屿上面那栋房子。在鼓浪屿上面搞装修，成本不小，麻烦也不少。岛上没有机动车，一切材料都要雇人力拉板车，一车一车地运。

因为原住民逐年减少，岛上配套的一些商店也逐渐消失，就连买玻璃，老狗也没省心。本来岛上有家玻璃店的，可以割出你需要的各式大小，然而老狗跑去的时候却发现店早就关门不干了。他只好到厦门对岸买了大大小小一车玻璃，用板车运过来，让装修师傅一块一块装上去。

结果到了最后一块，师傅举着跟窗框一比对，才发现："干，大小不对。"于是老狗只能走回码头，坐船，开车，去买一块尺寸对的玻璃，然后再开车，坐船，走路回来。

"当时我一路心脏扑扑跳，心想，千万这块玻璃别给我碎了，不然天寿的还得回去一趟。"老狗一边说，一边翻了个大白眼。

老狗的第一单生意就在 5 年前的除夕。那个除夕夜，他们连家都没回。旅馆开起来后，一家人都全情投入进去做，第一个客人来了，他们才想起来除夕夜客人在岛上什么也吃不着，因为店家全都关门了。于是老狗的妈妈茹姨就连忙从家里准备了火锅料、卤料、各样闽南菜，带到旅馆里给客人围炉。

"真实是围炉，还真的有个炉给他们，汤头在那里强强滚。我们反而自己没有围炉。"说到那个晚上，老狗的妈妈茹阿姨忍不住在旁边插嘴道，"人家来是欢喜心，怎么能可怜没东西吃，就是要给人家吃热热的。"

老狗拍了拍沙发，不紧不慢地说："对，你要家庭旅馆就是要有这种才有家庭的气息。"

在鼓浪屿开旅馆，老狗也知道是有好有坏。有些房子随便涂红抹绿就开张了，对原来的建筑破坏不小。还有些商户，把房子租到手后，就硬是隔出很多的小隔间，用低廉的价格吸引游客。

老狗头一次听人说要这样赚钱的时候，也觉得不可思议："当时我有一套小房子，是古早的厝破得要死，还有人硬要租。我都听得憨憨的，这种房子你也要租去做旅馆？我们鼓浪屿人觉得条件这么差怎么可以租给人家，但是现在的人想的不一样，钻钱眼，价格还开得很高。"

但总体说来，老狗觉得那么多房子政府顾不过来，倒了一大批，有人拿来做旅馆，就意味着有人会去修缮，只要规定得当，对岛上的房子保护是件好事。

他有很多设计师朋友在岛上开了店，不仅保留了原来建筑的古旧感觉，还在内部装潢融入了新的设计感。他们这批开家庭旅馆的人一开始还是不愁生意的，可是直到近几年，情况发生了些变化。

早在2008年，厦门政府提出了《厦门市鼓浪屿家庭旅馆管理办法（试行）》，里面规定了申请家庭旅馆的资质条件。而在当时，鼓浪屿上也是鼓励投资者开办家庭旅馆的。老狗的不少朋友也在那个时期，投资上千万重新修缮鼓浪屿上面的老别墅，一边修一边申请执照。

但是到了2011年，突然之间，这些投资者却变成了被整治的对象。老狗要开旅馆之初就去申请执照，他们家的资质也完全符合规定，可是申请到一半遇到2011年停发营业证，一停就停到了2016年都不发。

于是，很多已经开放的家庭旅馆，其实处在无证经营的尴尬境地当中，而已经投入的高额投资又让他们无路可退。老狗说："我是比较幸运没被抓去关，但是我的很多朋友都被抓进去过，有的，还被连关了两次。"

15天的拘留，老狗的朋友们跟站街女、吸毒者关在一起。他说："我这些朋友，都是世家子，给人家抓去关，心里肯定会惊到。一间房里面有三四个是开旅馆的，一两个吸毒的，三个站街的。站街、吸毒的无所谓，反正抓几天出来再去做生意，但是做旅馆的，心里面就很郁闷。这个很夸张嘛。"

从有牢狱之灾的风险开始，老狗就觉得不要再开了，因为他预感早晚要被抓。他和其他开旅馆的朋友都达成了共识，有重大的投资，不要放在鼓浪屿，因为不确定什么时候可能会被大洗牌。

"我知道的鼓浪屿人自己在岛上开旅店的，也就十几个，而且现在大家都在逃离，都跑到沙坡尾和曾厝垵。"老狗的脸色突然暗淡下来，他不再是当年那个无所畏惧的少年了，他说："毕竟，也是会怕。"

然而只是一瞬，他又转过头对着白嫩嫩的二儿子调笑："哎哟，怎么哭哭啼啼，现在的男生都很娘，对不对？"

5

原来住我家楼上的阿德伯，是申遗办的。今年春节期间遇到他的时候，他穿着灰色毛线衣，里面白色的衬衫领子翻出来，眉目清秀，年轻的时候定是个美男子。我们聊了许久，鼓浪屿的马路陈灰从朱红窗户里渗进来，零星地落进那天的咖啡里。

阿德伯告诉我，鼓浪屿准备申遗，到现在已经八九年了。其间诸多波折反复，但到今年，总算是到了临门一脚的冲刺阶段了。申遗的文本是委托清华大学编写的，他们花了好多年撰写和修编，有许多厦门地方史专家参与审核校订。

从2006年开始，中国的GDP（国内生产总值）突破20万亿元，国内游人数和国内旅游收入也呈现狂飙突进的势头，基本保持两位数的增长速度。在2011年尤为明显，当年国内游人数上升比率竟然高达26%，国内旅游收入上涨53%，完全是井喷一般的速度。

于是这几年鼓浪屿这座小岛迎来了一波又一波的旅游高峰。这样的浪潮带来了经济实利，但是对于岛屿的破坏也是有目共睹的。因此，申遗，似乎成了一个解决方案。

谈到申遗，究竟鼓浪屿最大的亮点是什么？他说道："我们强调的还是那个年代，曾经发生过这样的历史奇迹。" 阿德伯说，鼓浪屿是一个典型。鸦片战争以后，厦门开放口岸，外国人一下子涌进来，西方的生活方式和思想，带动了鼓浪屿的教育、医疗、法律、市政建设。全部都在那 50 年的时间里，鼓浪屿一下子就跨进了世界现代文明的进程中。

申遗办会对于认定为文化遗产的老建筑进行长期的跟踪、监测和及时的修缮。但是，阿德伯不否认申遗对建筑内外部的极度保护也造成了与居民商户的一些矛盾。

第一个矛盾来自家庭旅馆。阿德伯说道："家庭旅馆对房子有一定的保护，但是也有破坏。"他举了个例子，熟悉鼓浪屿老房子的人都知道，原来的那种房子破落落的，人在走动的时候能感觉到整座楼都在震动。这是因为当时大多数房子使用的是木楼板，时至今日已经逐渐朽坏。这样的建筑难以永久，宾客入住也很难满意。因此，很多商家会把木楼板、木楼梯拆掉，换成钢筋水泥的。但是从保护建筑的角度来说，此举已经彻底破坏了当年的内部结构。

"我们有句话叫作修一栋破坏一栋，就这个样子。"他补充道。但是公安把商家抓去关，却不是申遗办的主意，和申遗毫无关系，究竟为什么会出现这样的状况，他也不清楚。

另外一个矛盾来自有些房子没有作为商用，而有许多住户挤在里面。他说，很多老房子，现在看起来破破烂烂怕死人，但是历史上很有名。比如木棉树底下的老祠堂，第一个来鼓浪屿的传教士当时就住在那里行医、传道。鼓浪屿想把部分重点房屋保护起来，采用的方法就是给里面的住户安排房子，再给一大笔安置费。补贴到位了，大部分人都很乐意搬走。

说起房屋的修缮，阿德伯说道："白猴的事情，是一个血的教训。但现在已经不一样了。现在如果是整体危房，可以按程序整体拆除重建。部分危房就部分修缮，但是必须修旧如旧。两层就两层，坡屋顶就坡屋顶，不能改成平屋顶。"

有个来访问的美国人曾经告诉阿德伯，他一直很关注鼓浪屿。但是每次三年五年来鼓浪屿，他就发现有些老房子又破了倒了，他感到很伤心。如果任由老房子一直倒，鼓浪屿就会恢复到它的原始状态，就是个荒岛。现在那美国人看到很多房子已经修缮起来了，由衷地觉得高兴。阿伯补充道："当然那个人不是专家，他不知道很多房子在修缮的时候已经被破坏了。"

申遗，似乎成了一个万众瞩目的标杆。阿德伯说他最近很难，因为冲刺阶段要做的工作实在太多，做完这半年，他就要正式退休歇息。

6

或许这个岛屿，并不是鼓浪屿原住民眼中那个远离尘世的桃花源，它也不曾真正抵挡过时代的洪流。鼓浪屿的变化，并非只发生在这十年。

厦门图书馆退休的老鼓浪屿人阿展伯告诉我，鼓浪屿近百年来一直被时代的大浪潮拍打着。

原先在明清时期，鼓浪屿确实只是一个寂静的小岛，只有为数不多的渔民居住在岛上，房屋寥落，条件艰苦。

鸦片战争后，鼓浪屿成了公共地界，开始迎来了外国移民，在岛上修建道路和洋房，成立领事馆、教堂、学校、医院。此时的鼓浪屿涌现了大量西洋建筑，西方音乐、现代教育、医疗也随之在岛上兴盛。

十九世纪末，当时民兵土匪战乱纷飞，华侨不敢回老家，都往平静的鼓浪屿上跑。很多海外华侨的回归，给鼓浪屿带来了很多穿西装戴斗笠的中西合璧建筑。

抗战时期，厦门岛沦陷，鼓浪屿出现难民潮。当时居民将近两万人的岛屿，打开门容纳了十万难民在岛上。当地士绅和洋人组织难民救助会，许多商户加班做食物给难民吃。一直到后来形势缓和，难民才逐渐退去。

50年代"大跃进"，鼓浪屿上也跟着修建工厂、玻璃厂、灯泡厂等，后来还有高频厂、无线电厂，引入了许多外地劳力安家鼓浪屿。"文革"时期，许多知识青年离开鼓浪屿，投身到更远的地方去。

这个岛屿的命运，其实一直与时代紧密相连。

2000年后，居民区、工厂、学校、医院逐渐外迁，游客大量涌入，岛屿生活水平下降，此时出现了大量岛民的主动外迁。而与此同时，外地人大量迁入，其中多为安徽和龙海人，现在已经成为鼓浪屿的主要居民。

安徽人一开头从抬轿子、拉板车、摆摊起步，而后逐渐租店面、搞经营，越做越大。而龙海跟鼓浪屿靠得近，原本就供应了鼓浪屿的蔬菜粮食，因此龙海人来鼓浪屿做生意也就顺理成章了。

时间久了，生意做大了，新来的人也就在岛上安了家。现在的他们成了"新鼓浪屿人"。

阿展伯说，这就像当年闽南人到南洋发展的过程。

"如同钓带鱼一般，一个牵着一个。"阿展伯说道。钓带鱼是这样的，如果钓起来一条，另一条就会咬着前一条的尾巴，一拉一大串。

闽南人一开头也很打拼，做苦力，而后做小本生意，再后来就是买房子，把家乡人就像钓白鱼一样一个一个带过去，把生意越做越大。

鼓浪屿第一别墅的拥有者——黄奕住，曾经也只是个到南洋打拼的剃头匠。后来，他瞅准了咖啡兴盛的机会，挑着一边是咖啡，一边是糕饼的担子在南洋当"走鬼"，积攒了一笔财富。随后他做起了制糖生意，成为印尼糖王，当时的首富。后来他到了鼓浪屿定居，成了鼓浪屿人。

不知道当年住在鼓浪屿上面的黄奕住、林尔嘉、黄仲训他们，如果活到现在，看着涌入的人潮，是会感叹，还是会跟来客做生意？

7

每一天，这座曾经寂静的南方小岛都会迎来数以万计的游客。这迎面而来的经济浪潮扑湿了我们的脸颊，也打散了岛上的人们。一波波巨浪过后，也不知该不该捡起遗贝镶嵌那塌了大半的沙堡。

2006—2016 年这十年，是很多鼓浪屿人不敢正视的十年。这十年里有许多悲欢， 一开始，年幼的我并没有察觉，这座岛屿上的建筑其实逐渐在海风中融化。我以为它们会长长久久地一直都在，就沉浸于陈年的房屋和木头百叶窗发出的那种久远的气息，感觉无比安心，觉得这样就很好，不要改变就很好。但是后来，一栋栋房子塌掉，我们却没能做些什么。

随后，岛上迎进了越来越多的商户，越来越多的厝边邻居都离开了。近年来，旅游的人潮是一股势不可挡的浪潮，摧枯拉朽般地把这个一直浮在水面上的岛屿几乎扑沉了。

再后来，我家族的亲人，绝大部分都搬走了。

我想看个明白，不想因为痛苦而闭上眼睛。>>> >>>

西关如梦，天下大同

文｜童言 摄影｜童言

↑｜长堤岸边的大同酒店

凌晨 3 点，路灯，江水，长堤岸边没有人影。

大同酒楼点心部，灯火通明，热火朝天。水抬工在腌制凤爪、排骨，拌馅工在调配酱料、汤汁，水镬工热油，准备煎炸，明档工负责生滚粥面。6 点 45 分早茶一开市，熟笼工从大蒸笼里端出竹笼点心，腾云驾雾般，送到一早来"霸位"（占位置）的茶客面前。一盅茶，两件点心，带上老花镜，打开《广州日报》，闲聊羊城大小事。这一场景就是广州生活的剪影，广州人的集体回忆。

中厨部还有点冷清，只有上什工在煲汤。11 点半午饭市供应的老火靓汤，需要 5 小时文火煲。再坚强的骨头，浴火 5 小时，连骨髓都化成精华。广州人嘴刁得刻薄，汤少煲一刻钟，多放一种材料，喝起来都浑身不自在。

堂哥 6 点多上班，一进厨房，副按会向他汇报当日配菜和工作情况。他只点头，很少说话。做点心出身的人，心思精致如每件糕点，细腻，内敛。

堂哥是肇庆人，十几岁开始学点心，在广州好几个酒楼工作过，最后来到大同酒家，从点心师傅做到部门主管。就像达·芬奇画鸡蛋，做点心要先学揉面。学徒时的堂哥，每天给师傅揉面。这不是单纯把面疙瘩揉成滑腻面团，而是手掌和面粉之间的太极拳——湿度太高，影响发酵，用力过猛，面粉发硬。阴与阳，刚与柔，微妙得只有掌心的纹路才可以感知。

做点心 30 多年，堂哥把积聚的功力全部展现于大同酒家的招牌出品——虾饺皇。这是点心中的皇后，一粒粒，形状小巧，充满灵气。虾饺皮用澄粉和生粉混合成，皮薄通透，有韧性；虾仁要过碱水，除冻味，增口感；加入肥猪肉粒和芹菜粒，比例调配，肥素刚好。

最考验师傅的一道工序，是把虾馅包入虾饺皮。每个包好的虾饺要饱满，挺立，还要有均匀、蜘蛛肚似的褶皱。行内人看虾饺，就要看上面的褶皱：6~8 道，新入行，8~10 道，还不错，12 道，大师级别。许多茶客慕名来吃大同虾饺，就是要看堂哥捏出来的 12 道褶皱。

粤式点心，是艺术，是文化。小小圆圆的竹笼里，凝固了上百年的手艺心得，一代传一代，每一口都是一个故事。洋人将"点心"意译为"a touch of heart"，匠心之作，感人，滋润。

9 点，早茶市熙熙攘攘。文哥走进中厨部，每天，他习惯从一杯普洱茶开始，难得心静的时刻。

文哥是中厨部的头镬，职位是主管，但用"大佬"来形容他，绝不为过。他的声音，火、油、烟熏出的嘶哑，很有震慑力；他的姿态，见过大场面的淡定，每天决定上千食客的胃口。厨房如战场，十几秒炒一个菜，统率 10 个大镬上阵，穿梭于文火武火中，容不下一句废话。他的老练，40 多年做粤菜的经验，使对广州人的喜好了然于心，夏天要清淡点，善用瓜果，冬天要进补，支竹羊腩煲，暖心暖肺。

"粤菜特色是什么？"

"鲜！"

"大同酒家特色呢？"

"保持传统。"

刀起刀落，不多不少，文哥风格。

广州人识食（吃很在行），从来和飞禽走兽无关。我们的味蕾，早被丰富的海鲜河鲜蔬菜水果调教得很有教养，容不下一点胡作非为。"鸡有鸡味，鱼有鱼味"，隔着几个世纪，祖先们的味觉，依然在我们舌尖打转。

口味也是一种传承。代代相传的南国风味，被破译成一道道经典粤菜，妥妥地保存在大同酒家里，有堂哥和文哥，用手，用心，撑起一片有根的天空。

↑ | 广州珠江曲艺团在大同酒家演出

七十八年，讲唔嗮嘅故仔（讲不完的故事）

中央红木桌子上，蹲着花岗岩般厚实的订餐本，朱红封面，好几百页，香港制造。墙上角落钉着几块证书，记录过往荣耀。还有一块英文写的"Dai Tung Restaurant, established in 1940"，是出生证明。前世纷纷扰扰，浓缩在带点风情的字母排列中。

大堂石柱两旁，塞了两台德国电梯，欧式棱角分明搭配亚洲暧昧线条，有点不伦不类。禁不住怀念，曾经的手动老式电梯，铁门一开一合，错落有致，留下几个西关小姐的流畅背影。

"记不记得对联里说'大包易卖，微中取利'？我现在做的就是'卖大包，益街坊'。"劳总说着，踏进电梯。大同保证价格实惠，出品优良，吸引了许多中老年顾客。午饭时间，大同上千个餐位基本坐满，一眼望去，大多是顶着花白头发的退休老人。

折腾了大半个世纪的大同酒家老了；那些工作了大半辈子的阿姨阿伯也老了。他们不在乎这幢老房子里永远弥漫着上世纪的味道，不在乎灯光不够明亮，空调不够给力。大同是他们从小仰望的地方，是需要穿新衣服、盼星星盼月亮才盼来的地方。许多老广州的记忆都封存在大同，无论人生走到哪一步，总可以在这里重温旧时味道。

劳总形容大同是一辆老爷车。驾驭这辆老字号，有时是一种负担：人员老化，设备陈旧，资金不足。但只有 50 多岁的他，机灵应变，永远都看到前方的机遇。

2006 年开始，大同在六层大堂推出曲艺表演。许多在家里闲着的老人，都愿意花上 6 元钱买个茶位，叫上两件点心，下午时光，掺和几曲甜得腻人的粤曲，悠扬流过。

劳总还特意装了 Wi-Fi，支持微信支付，和线上平台合作。网络时代的新功能，大同一个也没落下。"同父来少，同子来多"，延续老字号的香火，只能寄予在年轻人身上了。

4 月，广州，木棉花开得放肆，市花尽职尽责，倾倒全城。长堤大马路珠江边，操着各种方言的游客，以不同角度，拍下三大欧式建筑。昔日，这里是广州吃喝玩乐的地标，如今，爱群酒店退居四线，南方大厦成了手机零件集散地。

唯独大同酒家，依然是人头攒动的老字号茶楼。它一直在前进，一步一回头，一步一脚印，步子有点小有点慢，但姿态是优雅的，是有派头的。

西关如梦，天下大同。>>> >>>

↑｜许多在家里闲着的老人都愿意在
这里过一下午

↓｜延续大同酒家老字号香火的希望，
只能寄托在年轻人身上了

视觉

摄影 ｜ 樊竞成

文 ｜ 樊竞成

小城青年

张东升的家在城南，在县里的水厂工作，每次上班需绕过一座石塔下的大桥，穿过一片冷清的木材市场，爬一个长长的水库护堤，听上去很曲折，但实际上不到两公里，听几首歌就走到了——这是一个典型的南方小城市。

这条上班的路，张东升断断续续走了7年。其间他申请停薪留职数次，去长沙，去上海，去深圳，寻找他理想的工作机会，或满足或失意，时间或长或短，最终还是回到这个叫祁东的县城。

就像他的QQ空间的签名写的那样：最终回到了原点。

他是我的高中同学，现在每次我回家，几乎天天和他混在一起。张东升有一辆后视镜碎裂的频频掉链熄火的二手摩托车（据说即将换成一台体面的小汽车了），载着我到各个篮球场打球，驶向县城附近的陌生小镇小村，帮我寻找肖像题材的拍摄对象。我们在环山公路上兜风，去曹口堰水库的深处比赛游泳，在城郊322国道上飙车……我非常羡慕他这种缓慢的县城生活，就像他羡慕我摄影这个职业，有其所谓的逍遥自在。虽然我们是最好的朋友，但对于外面的世界的看法，对县城生活的理解却很少交流，这些东西两个男人很难说出口。

于是就有了这组照片，我拿着相机跟踪抓拍他的日常生活，尽量不动声色。他也慢慢适应镜头，心无旁骛地"表演"着。一个相机，让我俩很有默契地安静下来，慢了下来。

拍完之后不久的某一天，我正在外地拍照，他突然打电话来郑重地说："樊，我现在在红旗水库的堤坝上，正在和我女朋友分手……原因说不清楚，我今晚去深圳了，高铁票已经买好了。"然后电话那头传来女孩的责骂声。

过了一段时间我回了趟祁东，正在嘈杂的马路走着呢，一辆熟悉的摩托车从后面冲过来急刹在我面前，只见张东升捏着车把手，笑逐颜开，大方地跟我介绍挤在他后座上的羞怯的女朋友和茫然的小舅子，冲我大声喊：快快上车，咱们一起去水库游泳去。>>> >>>

熹微

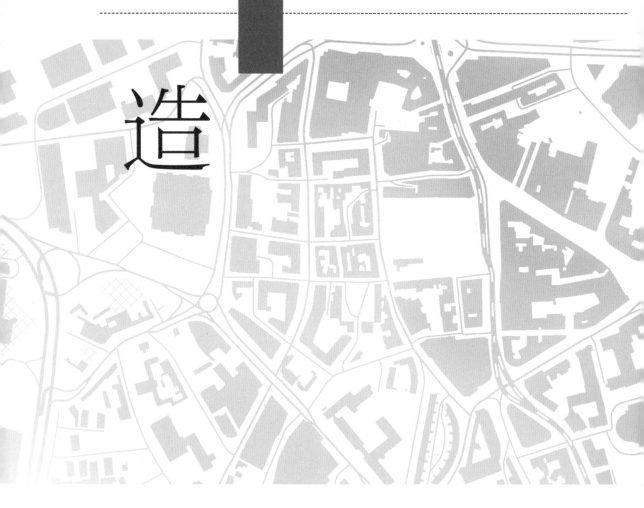

再

造

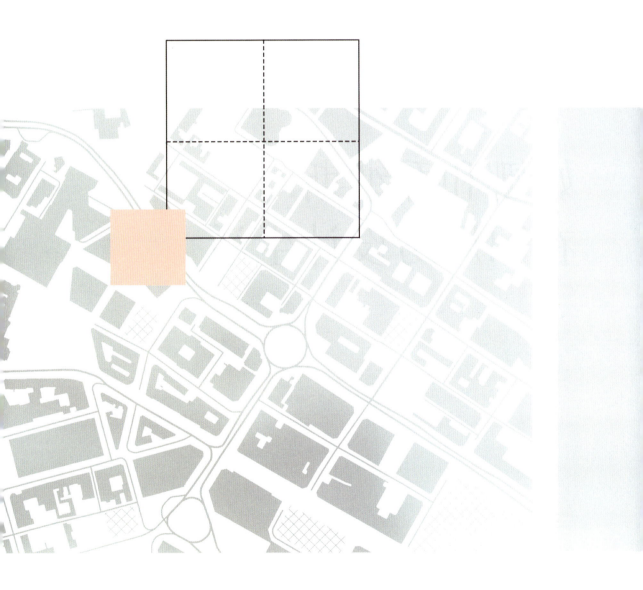

妮娜和乔纳斯：
在旧厂房设计生活

文 | 李梓新　图 | 被访者提供

"我爷爷奶奶住在农村一个土木结构的四合院里，中间有天井，有葡萄架，小脚奶奶放碗的柜子都打造得很精细，铜片雕花，抽屉把手也很漂亮，钥匙是黄铜的叶片形状。雕着龙头的拐杖斜倚在爷爷的太师椅边上。晚上爷爷让我一边泡脚一边背家谱。我记忆力特别好，很讨爷爷喜欢。"

陈妮娜从小在湖北省中部钟祥市乡下的客店镇长大，很多时间都是由爷爷奶奶照料的。那里是楚辞文学家宋玉的故乡，也是"阳春白雪"这个成语的发源之地。

虽然是在乡村，但"生活是有要求的"。妮娜的爷爷经常说，板栗要自然熟了掉到地上才能捡起来。石榴没有张嘴笑不能吃。所有的节奏都要跟随大自然，回想起来，她觉得那是一种真正的奢华，是现代人不可企及的。

在乡村的生活，和自然的亲密接触，培养了妮娜的艺术敏锐。那时爷爷的门前有片大竹林，竹子都很粗壮。竹林里有些野葡萄藤。妮娜坐在野葡萄藤上，一边荡，一边看上面密密麻麻高高的竹林。"风吹过来的时候，竹林里就真的有音乐。各种虫子、蜘蛛、蝴蝶，都构成了音乐的一部分，大自然对孩子的感知力和启蒙是非常重要的。"妮娜说。

那个时候，妮娜经常坐在奶奶的厨房里，看正午的光透过屋顶的瓦片顺着柱子射下来，看灰尘翻滚。所有的时光，包括对食物气味的记忆，造就了她恋旧的性格。

这可能在冥冥之中注定了，她最终会和一位擅长中国家庭旧物改造的艺术家走在一起，但她没想到他会是个瑞士人。

而现在，客店镇的祖屋已经塌掉了，长满了青草。钟祥是中国的长寿之乡，爷爷奶奶都在过百岁之后才去世的。

"我觉得如果爷爷奶奶活到今天，跟我的价值观反而会比较贴近。"妮娜说。实际上，她和父母这一辈却在生活观念上有很多冲突。父母觉得她的工作和生活没有沿着主流的道路去走，甚至当妮娜生下女儿安娜之后，他们要过来帮忙带孩子也被妮娜拒绝了。

妮娜并不愿意和父母长期生活在一起。她追逐自由率性的生活方式是压抑不住的。

走传统道路的亲生姐姐，觉得她不买房、不买车的生活是疯狂的，但又有点羡慕她的自由。

（一）

从湖北省的高校毕业之后，妮娜在湖北的一所中学当了三年美术教师。尽管她的教学生涯很顺利，多次获奖，平时也创作摄影作品，但她忍受不了早上7点上班，还要指纹打卡的生活。为了摆脱一眼能望到头的日子，加上一场最终无果的恋爱感召，使她在2006年放弃了工作来到近千公里之外的上海试试运气。

妮娜给自己找工作的期限是三天。那时她非常想加入位于淮海西路红坊里的一家香港广告公司，面试之后在家等着老板给她出平面设计的试题。一开始，老板没有如约把题目发来，一般人可能认为这就没戏了。可是妮娜不愿放弃，主动去询问。要来题目之后连续奋战了7个小时，她的设计为她赢得了第一份工作。

一年之后，她又用十分钟内做的一张设计图得到了同济大学下属科技部艺术中心的工作。她在那里工作了三年，为艺术中心做设计和摄影项目，也参与策划一些政府项目和艺术展览。

在日子又渐趋平淡之时，2009 年中，Jonas Merian 降临到她的生活中。这位曾经在朝鲜参加过红十字会，当时在冰岛假肢公司担任亚洲区技术总监的瑞士人，2008 年从北京搬到上海，生活在湖南路的法租界老房子里，公司付的租金，生活惬意却没有波澜，甚至寻思着离开中国。

两个同步的灵魂走到了一起。那时 Jonas 33 岁，妮娜 29 岁。他们有很多共同的话题：摄影、艺术、设计。但更为巧合的是，他们同时都想到了要辞职，过自由的生活。

2009 年 10 月，有一天，Jonas 对刚认识四个月的妮娜说："你愿意和我到一个废旧厂房打造自己的家吗？"

妮娜心想，这就像是求婚的邀约了。旧厂房，自己的房子，听起来很酷啊。她觉得两个人的志向真的一样了，于是她答应了。

>> 183

（二）

杨浦区军工路大概是上海最缺乏想象力的马路之一。人们对它通常只有遥远而冷漠的印象。尽管它其实早在民国初年便已存在，是上海的第一条近郊公路，沟通了上海北部农村地区与上海公共租界的联系。

在初冬的这一天。我钻出江湾镇地铁站，上了出租车，让司机去军工路上的五维创意园。司机说，是那个办婚礼的地方对吧？

一时间，我还未曾将妮娜和 Jonas 出名的工作室和婚礼市场联想到一起。但事实证明司机是对的，园区的门口摆了一个大大的红色"囍"字，穿着婚纱，袒胸露背的新娘在寒风中和身边的新郎在一辆甲壳虫汽车模型中做出各种亲密造型。他们的背后是"唯一视觉""蔚蓝海岸"等各家婚庆机构的招牌。配上入口处一个 "大海航行靠舵手"的巨大不锈钢雕塑，有特别的喜感。

妮娜和 Jonas 的工作室就在这座园区的 15 号，坐落于园区最里面的一排房子。在四年半之前，这里是破旧的厂房。他们在朋友的介绍下找到这里。

妮娜和 Jonas 花费了大概 10 万元人民币对这座大约 220 平方米（改造后 300 平方米）的旧厂房进行了第一次装修。因为空间宽敞，屋顶很高，他们有很多自由来实现自己的想法。妮娜的第一个念头便是将类似记忆里家乡的绿色移植过来，在隔出来的阁楼边上放了一道绿色植物屏障。阁楼上就是他们的卧室。

刚搬到这里来的时候，妮娜和 Jonas 经常邀请朋友来开 party。"最多的时候装下过 170 人，外国朋友说这是城里最酷的 party。"

改造是在这四年半的时间里慢慢进行的。妮娜在房顶种蔬菜，女儿生下来第一年吃的蔬菜都是自己种的。一部分砖块和木地板是来自拆迁房的二手材料，斑驳的铁门上也用白漆刷上了三位主人的名字：Jonas & Nina & Anna，墙上挂着妮娜的摄影作品。在一楼大厅的一角，妮娜设立了自己的影棚。而 Jonas 也有了自己的工作车间，而且他的车间在慢慢扩大。

Jonas 光头，笑容亲切友好。这位擅长假肢修复和矫形的工程师，把他工作中的手艺全用到了旧物改造上。"做假肢，木头、金属、碳纤维……什么材料我都接触过，这些改造对我不是什么难事。"

他实在是一个高手，可以把各种老旧的中国元素的东西，改造成新潮的带实际功用的产品。比如，用旧行李箱改造而成的音箱，用旧饼干盒做成的可触控台灯，把一个中式梳妆台改造成盥洗台，把老木材改成造型新颖而不失古朴的长桌等等。

"刚开始，我只是想休息一年，没有想太多，从兴趣出发，看看日子可以怎么过。我拼装了我们自己用的第一件家具，这启发了我可以把旧家具改造成不同的东西，赋予它们新的生命和功能。现在，我已经把它当作一个正经的生意来做了。我也需要养家糊口，我们的积蓄并不多。"Jonas 笑着说。

为了搜集二手材料，Jonas 需要在上海及周边进行拆迁的区域，和那些专门收购废旧家什的公司和个人打交道，从中淘到自己喜欢的材料。有时候妮娜在老城区拍摄照片时，也会为 Jonas 物色一些材料。

Jonas 在我们面前摊开了一本画册，"与其说这是一本产品目录，倒不如说是一部作品集吧"。因为大多数的作品并不能量产，根据废旧材料改造出来的产品总有一些细小的差别。加上 Jonas 目前主要是自己动手，另有一个实习生协助而已。

"有了安娜之后，加上有实习生，我需要更好地规划时间。"Jonas 几乎每天都工作，在车间里他每天要做 5 个小时以上的工作，从早上 9 点开始，到下午五六点，然后脱下工装，洗澡，换上平常的衣服。晚上还要做些文书工作，邮件来往等。

小的物件，比如用酒瓶做的吊灯，每个月 Jonas 和他的实习生可以做上 100 个。而如果是一个大床……那么可能耗费他们一个多月工作日中的大部分时间。Jonas 指着车间里一个制作了一半的大床对我说："这是一个德国的女士马上要回国，特地定做的，当然，托运的费用会由她的公司埋单。"他会心地一笑。

这让我想起了何伟在《奇石》里面写到他和太太张彤禾从中国搬家回美国，中国工人是如何灵巧地将他家的大床拆卸并拼装得天衣无缝、让美国工人赞叹不已的故事。

"你是否还会想起过去在大公司里的生活？"我问。

"有时也羡慕那种周五晚上可以暂时不考虑工作的生活，直到周一你才需要重新操心起来。但现在这不是现实了。家和工作室完全在一起，工作和生活很难分开。"Jonas 说。

在这间工作室和家建立起来之后的半年，媒体开始注意到这里。创意设计网站 CreativeHunt.com 的报道使他们引发了广泛关注，也帮助了 Jonas 的生意。《纽约时报》在 2014 年 5 月也发表了一篇千字长文，题为《在上海，你可以把旧仓库变成一个家》，文章这样写道：

"在上海，他们的居住情况是一种不同寻常的生存状态，因为在这座城市超过 2000 万人口的居民当中，绝大多数都生活在位于市中心的高层公寓中，还有极少数生活在殖民时代的里弄房屋与低层公寓里。"

"我和中国人与这些旧东西的关系不太一样。在我看来，它们都是非常独特而有故事的物件，中国人因为一直生活其中，可能反而不能察觉。"Jonas 说。

"这里面也有观念的问题。中国人认为这些东西与生俱来，花不菲的价钱买用它们改造而来的产品，他们可能不会觉得特别有意义，只有思想开放或者有些海外经历的中国人才会买。"妮娜在一旁补充。

顾客确实大多数是外国人，一个行李改造的音箱 8000 元，一个饼干盒可触控台灯 500 元，一张长餐台 3~4 万元，对中国人来说不容易接受。Jonas 还记得自己的第一个客户，是一位意大利建筑设计师朋友，买了饼干盒时钟作为生日礼物送给朋友。

为了扩大渠道，Jonas 还把自己设计的家具放在新乐路一家朋友的店里使用和展示了一阵子。他还和一家香港公司合作电子商务，也和瑞士公司合作将产品出口回自己的老家瑞士。圣诞节的时候，也是 Jonas 最忙碌的时候，连续几周，他都要穿上军大衣，在寒冷的天气到上海外国人社区的露天圣诞市集去摆摊。

"这是一种全靠自己的自由生活。"Jonas 总结说。

（三）

离开同济大学的工作之后，妮娜成了一名独立的摄影师。她接拍一些人像摄影和杂志合作，也拍商业项目，还坚持着自己的艺术创作。

妮娜戴着圆圆的黑框眼镜，性格豪爽，嗓音很高，和五维创意园里的邻居都挺熟。

谈起自由职业的生活状态，她说，刚开始半年会有焦虑，慢慢会有客户推荐客户，其实也不用特意去打广告，事业还是会慢慢成长起来。

有一个法国收藏家，2011 年在一个法国画廊看到妮娜的作品，过了接近两年之后，觉得还是很想收藏。通过画廊辗转联系到妮娜，当天就找到妮娜家，把作品买走了。"有些缘分，该来的自然会来。"到现在，妮娜大概有十几幅摄影作品被买走了。她还和 Jonas 在 2010 年参加了山西平遥的摄影展，作品是《出境·入境》，展现人在跨国之间的状态。不过 Jonas 现在更专注他的旧物改造，拍照少了。

妮娜也很喜欢拍旧的东西，"老城区像一个花容失色的妇女，正在被淘汰掉，没有办法挽回。每拍一次，我的脑袋就被震荡一次。"现在，她的老城区系列作品正在进行中，计划在画廊里做一部分展览。

2012 年，Jonas 和妮娜领风气之先，把家里一楼的一片空间开放出来做 Airbnb 客房。

"刚开始我也很不适应。什么？让完全陌生的人住在家里？但来的第一个客人就是一个意大利摄影师，他受政府邀请来中国交流，把组委会给他安排的希尔顿退掉，跑来住这里。而我们的客房一开始门都没有，只有半边窗帘，也没有空调、但大家交流起摄影也很开心。"妮娜回忆道。

现在，Airbnb 也成为他们的一个收入来源，他们也收获了一道留言墙，上面是来住过客人的心声，也交了不少朋友。

妮娜的摄影作品，风格鲜明，深得朋友们的喜爱，很多朋友都找她拍摄。她认为用什么相机拍其实不重要，最重要的是角度和感觉。她不觉得一个人一定要定位成艺术家或者设计师，有一些东西是不会因为有没有既得的收益而放弃它的，如果你真的喜欢的，你会一直去做。

两年前怀着安娜的时候，妮娜的工作也没有受多大影响，怀孕 8 个月还跑到铁路边拍外景。反而安娜到两岁的时候，妮娜多了一些焦虑。

"这里附近没有什么好的幼儿园，甚至整个杨浦区都没有好的私立幼儿园。" 妮娜的户口不在上海，安娜不能上公立幼儿园和学校。而且她也对现有的学校教育心存疑虑。

"我不希望孩子去学各种需要'死记'的东西，我希望让她去挖泥巴，抓鱼，亲近大自然，就像我小时候一样。童年初期的记忆是能影响人的一生的。如果封闭起来，身体的触觉关闭了，可能一辈子都打不开。如果这样，我宁愿不让她上学。" 妮娜略有些忧心忡忡。

娇小可爱的安娜由保姆带着，在房间里穿来穿去，偶尔撒娇发脾气。她说中、英、德三国语言。妮娜最喜欢带她到附近的共青森林公园。这座位于上海东北郊的公园面积很大，有冷杉和湖泊，那些高大的树能让妮娜想起童年。

也因为安娜上学的问题，Jonas 甚至想到了搬去台湾。那里对传统文化的推崇，也许可以为他的产品打开新的市场。不过，现在一切还在设想中。

"可以确定的是，接下来两年，我们还会住在这里。" Jonas 说，这里的房租是 7500 元，去年续签合同的时候，一开始房东想涨价 20%，后来被砍价到涨 10%。房东是国企，"他们也喜欢有一个外国脸生活在这里。"Jonas 半开玩笑半认真地说。

妮娜说："这里不是我们的终点，我们会改造下一个地方。" 她一直向往有一个大院子，里面有一棵大树，就像童年那样，她对绿色一直保持好感。

当然，如果有机会帮助 NGO（非政府组织）或者媒体去做一次战地记者，也是妮娜向往的。关于明天，谁又知道呢？ >>> >>>

我的城

每日书之城市系列

30

DA
Y S

"每日书"是我们创新的一种写作鼓励方式。

写作，是一件需要自律的事，如同健身。不写不练就会荒疏。如果有伙伴相互督促和鼓励，则能更加坚持。

在写字并不时髦的时代，身边有时要找一位能探讨字句的朋友，都殊为不易。

每日书集结了天南地北各行各业喜欢写字的朋友，每天写下 300 字以上，连续 30 天不间断，围绕一个主题就可以集结成一本颇有趣味的小书。

每一期的每日书，都呈现出 100 种人生，无论是小城里的小青年，还是世界中心的新灵魂，他们并无差别，都是今天中国最真实的个体故事写照。

在这里，我们选取了 5 名每日书作者的生活片段。他们有回广东老家开牛肉丸店的 Jerome、记下北京 30 个地铁出口发生的故事的佳钰、写下 30 座游历过的城市的 Adamy、在上海开出一家私人厨房的 Nana、到广西做扶贫工作者并记下在贫苦地区每一天见闻的 Vinney。

我们感激他们能聚在这里，在这个时代里，有些奢侈地用文字写下内心最真切的记录。也希望你能够加入我们，一起书写。

文章图片由作者提供

回老家开牛肉丸店的 30 天

Jerome

我是 Jerome，来自广东潮州，喜欢用写作书写内心，渴望寻找生活中有趣的同类人。在每日书，看到不同的生命、不同的故事，让人觉得并不孤单。单一的生活偶尔让我感到有些焦虑，甚至惶恐，但把故事写出来让我学会抽离出来，重新定义自己的经历。

Day 2

牛肉丸店开张第二天。

第一天基本上都是熟人熟客，昨天摸清了市场行情后，今天赶紧少进了一些货。这条路，应该算是人流量很大的一条，但真正停下来看的顾客很少，基本都是过路。

上午过了一半，还没卖一分钱，这让本来就容易焦虑的我，更加焦虑。我还是坐在门口守着摊，要不是自己创业，我可能早就像打工那样辞职了。

常听说，创业是条不归路，很多创业者很想放弃，但已经走了前面那么一段路，进退维谷，由不得自己。还好，我们这个小本生意，上下几万元，杠杆小，波动不会那么大，亏不会亏那么大，赚也不会赚那么多。当然也不排除小投资大收益，但这个需要有资源和足够的时间，最重要的是投资方向准确。

早上的牛肉没卖完，放进冰箱，下午开铺时，把上面一层被冻硬了的表层切掉，继续卖。说新鲜的话，冷藏都是很新鲜的，当然比不过刚杀的牛肉。但生意就是这样，尤其是小本生意，没办法，得把肉拿出来挂，说是下午刚拿回来的，新鲜的。

一位阿伯凑近来看，说来个一百元的牛肉。一听是大单，我赶紧示意我爸出来切牛肉。我切牛肉还不熟练，不敢随便切。听说牛肉的口感，跟切的技术还是有很大关系。技术不过关，不能上手，免得第一次来的客户印象不好。在爸切的过程中，阿伯下了摩托，拿着肉看了看说，这肉是早上剩的吧？我爸赶紧说，怎么可能卖早上剩的肉？

生意人就是这样，你不撒谎没办法，要不牛肉到晚上就都得自己吃了，这不在做亏本生意吗？如果以前，我肯定受不了我爸撒这些谎。是就是，不是就不是，应该做个真实的、有情怀的商人。但在这个处境下，就做不到这样，因为你要考虑现实，这些货卖不出去意味着你需要一直存货，也就是你需要一直倒贴钱。

看过电影《朝圣之路》，儿子在徒步中遇难，父亲沿着儿子未完成的路线，帮他完成，父亲跟儿子有了更多感同身受，理解了儿子的所作所为。这次开店，可以说是我跟我爸交流最频繁的一次，我也才理解他们养育子女的艰辛，尤其对于他们做传统行业的，一分就是一分，都是血汗钱，不是动动脑子或投资，就能转化为金钱的。离家7年，刚回来老家时，就跟父亲大吵了一架，我不理解他，他不理解我。

朋友艾跟我说，当你把父母每一天要做的事都做一遍，你就能理解他们。现在，我慢慢理解，为什么我妈一直希望我找一份工作，而不是去做生意或创业，因为这确实是件艰辛的事儿，意味着冒险和不稳定。而且她经常希望有双休，因为他们几乎是365天全年无休的。

吃完饭时，我跟我爸说，你真的挺容易焦虑的。他没说话。我继续说，其实影响身体健康的，很大原因在于心理因素。我爸容易焦虑，年轻时非常拼命忘了身体，导致现在身体支撑不了，他才慢慢回头来关注身体。

要理解一个人，不要去评判，想象着去经历他所经历的一切，也许会真正感同身受。

↑ | 早晨5点多的潮州

Day 7

牛肉丸店开张的第七天。

刚好一周,这一周,感觉过了很久。

今天下午,台风"海马"在汕尾登陆。前两三次台风来前,电视台都播得热热闹闹的,最后整个潮州都是安安静静的。这次来得毫无信号,早晨 5 点起床,才听到窗外咻咻咻的风声,挺大。

这一周来的每天早上,都是我从市区拿货回家,然后再到店铺做牛肉丸。早上一起床看天气这样,就打电话跟老表叔说今天不去拿货了。老表叔是爸的一个生意上的老朋友,家里这么多年做猪肉生意,一直在他那边拿的货。

而昨天晚上已经交代了的牛肉,就没办法取消了。

>> 199

这意味着今天还需要继续拿点牛肉,做些肉丸。5 点钟我们父子俩起床后,在客厅喝了杯开水,大概过了 20 分钟,就出发去店铺。从家里到店铺,开摩托车不过 5 分钟左右,非常近。每天早晨 5 点多都会路过一些夜宵摊、大排档,天气好时还有好几桌在门口吃吃喝喝。我想,这些人真能熬夜,要我,不会这样伤害自己。

健康的作息时间、生活方式,对一个人的心理状态起着至关重要的作用。我跟爸一起吃饭时,我总感觉他吃饭的速度很快,并且时不时发出令人感觉狼吞虎咽的声音。我知道,吃饭对他来说已经是项任务,每天的必修课,不会去注意到底美不美味。也不仅是他,大多数人都是如此,包括我自己,一旦失去觉察时,对生活的感受力就降低了。

我还看不惯我爸的比较心,可能我多少也受他一些影响,从小就有一种自卑感,追求完美,经常跟比自己强的人对比。

斌伯,爸多年的老同学和朋友。自从租了店铺之后,他有空时就会下楼来喝茶。听爸说他过几天就要退休了,退休后工资大概有两千左右。每次谈起时,爸好像总有些羡慕。我说,人家之前做这工作,可能枯燥得要命,他能忍过那个阶段,你可以吗?

如果说，让我忍受一件自己并不喜欢的工作，等到退休时可以有这样一笔工资，颐养天年。不是我不要，而是我忍受不了。一件事情，我不喜欢，我就很难强迫自己去喜欢。

大前天，和爸的同学英姨吃饭。她一直在小学教书，已经退休，退休工资估计有三四千。这样的生活挺好？是挺好。

但有谁问过她的过去呢？

在我看来，我觉得没有什么比做老师更无聊的职业了，当然我指的是传统教育学校。在镇里的学校，只要进去，就相当于终身雇用制，毫无挑战性。喜欢冒险的人，这里就是一潭死水，固定工资，重复一样的生活，备不变的课，在这个岗位上，基本就可以预知到 5 年后、10 年后，甚至 20 年后，在过着什么样的生活，一眼就可以看到底。

做生意，还有些可能性，当然，可能赚钱，也可能赔钱，至少你会体验到希望和失望，或者在两者间徘徊、犹豫、挣扎时的感受，这样会使得你的生命更有弹性。而做教师，你就不一定能有这样的磨炼。

前两天，刚开张，没什么生意，我们父子俩开始着急，让我感觉我爸也没做过生意，心态很容易波动。我们在资源、金钱、方式上都有很大局限，也没有互联网思维，我读过一些书，但真正的实践，我还很欠缺。

前期没宣传，没什么优惠活动，也自然没有人会来看。没有人会愿意主动靠近一家冷清的店铺，用一句话说就是，没有雪中送炭，只有锦上添花。生意好的商家，就会越好；生意不好的，就会越惨淡。我觉得以后财富的两极分化，会更严重。

晚饭时，爸在做饭。有人要买牛肉，我切的刀工还不行，让他去切。锅里的油还热着，但蒜头、姜，他都还没剥好。可见，他就是这样一个走一步看一步的人，东西还没切，鸡肉在水里还没捞，锅就已经开始热了。

这跟我们目前的创业状态有点像，先把店铺租下来，考虑到每天铺租、压货问题，然后不断被推着走，缺乏一个宏观的计划，只着手到小处。先把实体店搞起来，再逐渐考虑宣传方式、运营模式这些相对虚拟的概念和策略。

缺乏远见和眼光，就容易以物喜以己悲。

当我们探索更多生活可能性的同时，把时间维度拉长一些，看看又会怎样？ >>>>>>

30 个我曾出没的 ABCDEFG 口

佳钰

85 后，现居北京。曾经在四所大学的哲学系念过 7 年哲学，如今在四环外 7 平方米不到的小屋做梦，梦想活成一个很酷的老太太。

最初决定接受每日书挑战时觉得不过一个月，没什么大不了的，可等到自己真正开工，才发现保证 30 天内每天坚持写几百字真不是件容易事儿。经常是快到转钟才匆匆打开页面，草草涂上几笔留下痕迹，等到码过百字，眼睛困得睁不开了，再昏昏倒床睡去。第二天一大早也是，通常一睁眼刷手机就点进自己的石墨页面，读读前一晚写的，看有没有不顺的地方，删删减减，添添补补，直到自己满意为止。很开心自己坚持了 30 天，一天也没落下。选题确定之后曾做过一份大致的计划，可后来很多篇其实都是计划之外的，我自己都没有料到这一个月里我的生活发生了这么多意想不到的变化。感谢每日书让我有机会把这些变化或多或少地都记录了下来，就像我在开篇里写的，"记录本身就足够有意义"。

Day 2

七里庄 B 口

这个口通往我在北京的第一个家。

当时本来想租公司附近另外一间的，都约好了晚上签合同，结果当天早上被我给谈崩了。然后中午就在 107 间上看到 Ricky 和 77（Ricky 和 77 是两个租房者的网名——编者注）的家，立即给 77 去了电话，约好下班去看房。

那天我到得很早，一下班就去了。从公司坐 9 号线，4 站地铁，第一次从 B 口出。

出来，一眼望到右手边安利的小楼。往前走，发现安利的对面有个工行。右拐，工行的斜对面就是小区门口了。

我看了看时间，"3 分钟到地铁"，Ricky 和 77 登的介绍一点儿也没夸张。

小区挺大，楼也挺多，而且大都是高层。楼有点式的，也有板房。点式楼通常比较高，30 层上下，是方形的，好多家围成一圈，一家守着一个点；板房相对就没那么高，顶多十几层，楼是细长条，一梯两户，每家都是南北通透。

可能是前后分期分批建的，小区东西两片风格、配色都不太一样。靠西的几栋看上去比较旧的是白楼蓝顶，相对素雅，东边的那片则相对新一些，楼的主体也刷成了热烈的黄。

连接东西区的是片开阔的空地，足够同时容纳好几队跳广场舞和僵尸舞。空地的北面有长廊，南面是个小花园，靠西的一侧摆放着小区标配的健身设施，还有两张乒乓球台。

趁 Ricky 和 77 还在回家路上，我把小区能逛的地方都逛了，当时印象已经极好，尤其是看到人们晚饭后下楼在小区里转悠，看到花园里老人推着孩子，孩子追着狗。

Ricky 和 77 到家 7 点半了，我上楼，看到房，更是掩藏不住地喜欢。整套房是个小两居，不算大，却被 Ricky 和 77 布置得温馨又清新。他俩也是新搬进来不久，好多地方都是自己动手装的，墙新刷过，电器也都是新的。最显眼的要属厅里的那棵树了，棕色的枝干上全是绿叶，正好配 Ricky 红色的拳击座。

我那屋也特别棒，足够大，朝南还带阳台，干净又清爽。

我超级无敌喜欢这里。

自始至终我都觉得，第一次租房能遇到 Ricky 和 77，真是我的幸运。

我在那儿住了 9 个月。因为房子不能再住了。我先搬走，一个月后，他们也搬走了。

搬走那天，我给他们写了张卡片，开头第一句话是：谢谢你们在我初来北京时给我一个家。

Day 4

中国人民大学 A 口

为了写这篇，我今天专门来了趟中国人民大学，现在就坐在人文楼前的长椅上。

现在的我能在北京，很大程度上是因为六年前来了人大。

那是我第二次来北京。第一次是 1999 年，小学刚毕业的那个暑假，和爸妈一起，我们仨。这回上人大，大学都毕业了，爸妈只送到了火车站进站口，第一次一个人坐软卧，翻来覆去哭了一晚上。

到北京那天早上天很阴，好像刚下过雨，雨过天也没晴。

找大巴，找行李，找宿舍，找自己。

当年因为老师，稀里糊涂就跟着来了人大。谁知道，这一来，可能就再也回不去了。

我想过回去，也回去过，可是事情被我弄得很糟糕。所以没办法，我又来了。

最近一年来人大，多是看老师，见朋友，也有几次只是单纯想来转转，比如今天。

这里故事太多，没有哪个点没留下过痕迹，走到哪里都逃不出记忆。羡慕当时，还是年轻，才能爱得那么真，那么用力。现在老了，心里除了自己还是自己。

想家了。

北京，因为人大，也该算是半个家了吧。

Day 20

西红门 A 口

西红门 A 口直接通荟聚，也算是我的常驻地之一。主要是它大而全啊，基本上能满足所有需求，从搬新家逛宜家，到装文化"言几又"（一家文化实体店——编者注），应有尽有。

从武汉到北京，我基本上搜罗了宜家 10 元以下的所有物件：大多是厨房用的，马克杯，碗，碟，调味罐，砧板，锅铲，刷子，封口夹，密封袋，洗碗海绵；也有厅里摆的，蜡烛，书立，挂钩，镜子，相框，花瓶，花盆，以及被我淹死的多肉植物；还有厕所用的地垫，垃圾桶，盆和漱口杯。当然也有 10 元以上的，像餐垫，脏衣篮，边桌，圣诞灯，台灯，窗帘，晾衣架，旋转椅，以及曾经给自己扯了一块上百元的桌布。

>> 205

出租屋配宜家，怎么买怎么搭。

可是不知道为什么，昨天去宜家竟然没什么欲望了，没有一点冲动想给家里添置什么新物什的冲动，就连冰激凌和烤香肠也激不起我的兴趣。

言几又也是，第一次去那么兴奋，可这次去也就在一楼门口的几排书架上翻了翻样书就撤了，丝毫不留恋。

我这是怎么了？

每家饭店的外面都坐着好多人在等位，贡茶和米芝莲也排了 10 米开外的队，米芝莲对面有个新开的面包店，叫"柔软的胖子"，倒是没多少人，我进去瞅了瞅，完全是步原麦山丘的后尘。

公共区域休息的座椅都满了，想倚着栏杆刷会儿手机也引来小哥介绍产品，我也理解他不容易，可我实在没心情。望着熙熙攘攘的人群，觉得很多时候都身不由己。

最近又吃好多，心里憋得慌，甜的油的一起上，真够呛，看来前几个月的步是白跑了。等着吧，挺着肚子又该有人在地铁上给让座了。

Day 22

北京西站 A 口

第一次坐地铁 7 号线竟然是回国后，妈妈来接我，那天我们和岚还有猪一起从人大站进，在国图站倒一下，全程不到 20 分钟就到北京西了。

上学那会儿去北京西站都得从人大西门坐公交，提前将近一个小时，还总担心路上堵车。有了地铁还是好，妈妈再也不用担心我赶不上车了。

去年"十一"我妈来北京看我，我也是上西站接的她。晚上九十点的车，我从家出发，半个小时到，每回我都分不清到底哪个口出，北边是 A，南边是 B，好几次我都出错了，再绕一大圈去另外一边。

那次接我妈的时候把我妈落在地铁里了，我一跳溜钻进了车厢，我妈顾着大箱子没赶上，然后我俩只能隔着两层厚玻璃苦苦相望。

当时我妈手机也在我手上，她隔着窗给我比画了一个"1"的手势，示意我下一站下，我还行，明白她说啥，不算太傻。

到了六里桥东，我从车厢门出，站在原地等下一趟。当时已经挺晚了，地铁每班间隔也长，那几分钟我还等得挺难熬，在空地溜达了好几遭。

然后车来了，我们又隔着两层玻璃笑，我俩都自诩聪明人，却没料到会遭遇如此的玩笑。我妈是我的依靠。>>> >>>

三十座城池

AdamY

1987 年出生，忧愁的老青年，小城市人，大部分时间住在上海。接近 30 岁的时候想要像 15 岁的样子重新建造生活，然后活得无比蓬勃。

遇到每日书的时候，我毫不犹豫就加入了进来。那时候我正在试图每天都写点什么，结果像是陷入了一片沙漠，毫无方向感，只觉得热情一点点地消退，写成的一段一段的文字毫无价值地躺在电脑里。每日书的方式提供了一个重要的仪式感，能够拴住飘忽不定的心情，在无论怎样的情况下都能写完一篇文字。记得在大约第二十天的时候，我出了一趟远门，每天只睡几个小时，还是硬拼着写完了当天的文字。最后交上去的那一瞬间，虽然脑袋都已经麻木了，但是心里还是冒出来特别开心的感觉。在整个 30 天的写作过程中，我体会到了文思泉涌、脑汁枯竭、穷途末路、绝处逢生等各种各样的情况，但所幸，与很多人一起完成了这个美好的仪式。感谢三明治，让我完成自己平凡生活里的壮举。

Day 1

第一城 北京

我找不到一个词形容这座城市，它太多了，豁着一个时间的口子，把我的一半都吃进去了。

记得小时候看关于北京的电影，镜头从四合院往上一抬，瓦片屋顶上会出现碧蓝的天空，一排鸽子发出腾跃在蓝天中的变调回响，除此之外再无别的杂音，画面仿佛静止一般，留下辽远安静的意境。那种突跃敞亮的声音和完全静止之意，停留在我的脑海中，成为这座城市的一部分。这样的一种静止，贯穿于我对于北京的微妙感觉之中，是属于它的独特质感。江南杨柳岸边除却恼人人声之后的静谧，是低微分贝的自然和鸣；偏远北地城市的安静，是因地广人稀而带有荒颓气氛的沉寂；藏地的宁静，则多了虔诚肃穆的意味，甚至还有缺氧导致的消极情绪；北京拥有的这份静止，则沾染了人和自然共同的气息，绝不冷清，也不孤芳自赏，积极而嘹亮。那首著名的《北京欢迎你》，正是含了这样的味道。

后来在北京读书，喜欢一个人在北京漫无目的地走长长的路。有时是惨淡的白天，有时是沉重的夜晚。这是我秘密的癖好。当在地铁中、公交中和出租车中穿行城市时，常常无法感觉到与这座城市的联系，这点令我感到沮丧，所以喜欢走路。从保福寺桥走回魏公村，在后海溜达，从崇文门走到长椿街，沿着东二环乏味的宽阔道路走走停停。有一次闲逛时，在盘旋的车流之中偶然发现一片三角洲式的绿地，它机灵地夹在车流尾气和噪音之中。我看准车流暂缓的时机，三步并作两步跳了过去。站在这片小小的绿色之中，我的前后左右都被奔波的、没有面目的车群所包围，它们机械地吞吐着，焦虑地咆哮着。一瞬间我的胃里升腾起前所未有的奇妙感觉，就像终于见到了真正的北京一样令人兴奋。北漂的民谣歌手们写了太多关于北京的歌，歌词里面往往使劲地谴责北京的冰冷残酷，然后极具男人味地把北京像他们的姑娘一样紧紧抱住，不肯撒手。我想我也曾经在心里某个地方，紧紧地抱过它。

到另外一个城市工作过很久之后，有些压抑，一次兀地回到北京，想找找过去的感觉。下了车，跟朋友到了方家胡同。这个胡同有个黑不溜秋的胡同口，很容易错过，还好朋友是老油条，轻车熟路地摸进去。我们去了热力猫俱乐部，正好是一个叫作"大波浪"的现场，场地正中播放着配合现场音乐的奇幻影像，诡异科幻的风格正如同《黑衣人》结尾时的经典画面。简单的烟酒混合了一下大波浪的迷幻就让我有了点小高潮，舒服极了。我问朋友，这酒是什么。她说，白熊，好喝。我拿起瓶又喝了一口，真棒！北京就像所有北方年轻人集体爆发荷尔蒙的发泄池，那些冲动的深沉的北方基因搅动着这里干燥的空气。无论是狂野还是粗暴，优雅还是低俗，这座城市都不加选择地留下栖身之所。于是我有点想起过去的感觉了。后来在上海的超市里使劲寻找，买到白熊，但是没怎么喝就一直放在家里，忘记了它的存在。似乎只有那天热力猫烟雾里的白熊，是我最喜爱的口味。

然而我并没有因此找到准确的关于北京的感觉。直到第三天，从东直门的地铁口一出来，深秋北京的大风肆无忌惮地吹过来，我的额头和双耳因暴露在寒冷中有点发麻，单薄的衣衫一下子贴在身上，彻骨的寒冷扫过肌肤和肌肉，头脑无比得清醒和兴奋。北方式暴虐的冷向我的神经传达了一个信号：到北京了，这是我的城。

Day 6

第六城　昆明

昆明是一座"去了又去"的城市。过去每年似乎总会出于不同的原因去上几次。

第一次去昆明，坐了 20 多个小时的火车。到了晚上，云贵高原 2 月的夜风骤起，本来像铁桶一样的火车像是被看不见的子弹打漏了似的毫无抵抗。那种南方特有的浸入骨髓的尖锐湿冷，钻到每个旅客不安的睡梦中。

我在狭小的中铺辗转反侧，整个肩膀和骨头掺和了深邃难忍的疼痛，冰凉的肚脐也蠢蠢欲动。好不容易挨到了下车，正好是日头已经慢慢高了起来。高原的太阳，又大，又浩荡，毫不掩饰。在昆明的街道上，奇迹般地，所有困扰了我很久的阴冷疼痛都逐渐消散了，精力和活力又一起涌到了身上。

后来每次去昆明，心里最大的期待，都有点像是渴望那里治愈我疼痛的阳光。

有一年春节，准备全家去云南过节。我正好因为工作的原因先到了昆明，独自享受一整天一个人的假期。

照例还是住在一家青旅。春节前的气氛一般是有点反常的冷清、芜乱和慌张。这里也不例外。住宿的客人似乎不多，偶尔看到的净是背着包、拖了行李箱，要退房回家乡的人。青旅柜台的几个年轻人也一直笑闹着讨论怎么过节、吃什么热闹的食物之类的话题，对客人们毫不关心。

我拿了钥匙，打开自己的房间。六人间，铺位都空空荡荡的，只是在门边一个下铺有一个人在蒙着头睡觉。听到我进来的声音，他的眼睛从被子里面漏出来，头发乱糟糟的。过了一会，他像是终于从沉沉的睡梦中苏醒过来，坐起身，一边看着我收拾东西，一边有一句没一句地聊着，他叫 Peter。

Peter 很瘦，相貌普通，上海人，说话也带着上海人特有的油光光的腔调。我们很快就因为都居住在上海而产生了信任感。他的眼睛亮闪闪的，转得很快，会有不断的打量的神情流露出来。

"缅甸蛮灵的，去内比都的时候看了昂山素季的院子。"他用同样上海人特有的傲娇态度向我讲述刚刚结束的缅泰老越四国之旅，"目前是在昆明暂歇，准备回家过节。"与明亮的话语和眼神所反差的，是他疯长的头发、身上皱巴巴破旧的衣服，而沉重的背包也显得风尘仆仆。与普通的学生不一样，Peter 是一个略显狂热的背包客。

下意识地为他有些担心，他要怎样回到那座精明体面的城市去。

>> 211

晚上回到青旅，在大厅暂歇，旁边传来一阵熟悉的京片子。两个年轻人端着牙缸子在一旁闲聊。听到熟悉的北方音调，我忍不住凑了进去。

其中一个人方脸阔鼻，话语响亮踏实，不断上扬的一声尾音说明了他来自天津；而另一个人则面色有点稚嫩，眼神中充满清澈的光芒，是我一开始就听出来的北京人。

天津小伙刚刚研究生毕业。

北京小哥在大四的最后一个学期。

天津小伙从广西游到云南，昆明是最后一站。

北京小哥第一次独自长途旅行，只去了滇西北，昆明也是返程的最后一站。

天津小伙已经规划好了将来，即将入职深圳的一家国企，这次旅行是他最后的狂欢。

北京小哥对未来抱着不确定的期待，打算跟朋友一起创业，这次旅行是他旅程的开始。

我们打开夜晚的赤诚，向陌生的年轻人诉说自己平凡的故事和体验。

很晚才回到房间，Peter 已经睡着了。房间里也有了别的人。我蹑手蹑脚地爬到另一张床的上铺，带着一天的疲惫入睡了。

迷迷糊糊之间，忽然下坠，一声巨响。在强制清醒的不情愿之下，我发现自己居然位于斜立的床板和墙壁的夹角，而被子凌乱地卷在身上。在床板的另一侧，一双眼睛一动不动地看着我，没有别的声音。

结实的床居然塌了。

又为自己的人生添了一个睡塌床的笑柄。

我急忙爬起来，去看那下铺的可怜人，他还是一动不动地忽闪着眼睛，无喜无悲的样子。

"你没事吧？" 我小心地问道。

"没。"

再无其他话语。

时至今日，他那份出奇的冷静和安详仍然令人印象深刻。不过青旅的过客多是奇怪的人。我想象着他有更深重的事情正在思索，这小小的闹剧只不过是一件再平凡不过的事罢了。凌晨 4 点，因为无床可睡，我又坐在大厅中，对面是下铺的可怜人，以及一个即将在清晨出发的漂亮女生。不久，被我烦着去修床的青旅老板也加入了聊天的奇怪组合。在那个露水微明的后半夜，一切都很虚幻，我不记得我们聊了什么，可能也只是安静地坐着玩着各自的手机，好像有虚幻的香烟味道，好像有粗糙的女声，好像有民谣的音乐，好像只是又一个奇妙的青旅夜晚。

我和 Peter 去了清晨的斗南花市。他在昨天就剪了头发，洗了衣服和背包。现在换了一身平整洁净的行头，显得帅气干净。"回家见爸妈总归要干净一点咯。"他这样对我说。我们坐上空荡荡的第一班列车，穿过黑黢黢的城乡接合部，吞下一大碗粗糙的辛辣米线，在熹微的清晨里找到微弱光影下的花香。花市都是在夜半兴盛，在清晨凋落，我们赶上的是前一天最后的一点热闹。他买了几箱白色玫瑰和郁金香，又搭配上满天星之类的陪衬，挑剔地讨价还价了许久。这些出于昆明美好早上的廉价鲜花，被封进箱子，跟他一起最终体面而奢侈地飞往浦东机场。

我，抱着满满一捧沾满晨间新生气息的鲜花，到长水机场去迎接我许久未见的家人。
>>> >>>

厨房里的 30 个故事

Nana

我叫 Nana，住在上海，23 岁的时候来到这里，今年 33 岁，是来上海的第十年。30 岁的时候，我开了一家店，但是我很少对别人说我有一家餐厅，更多的时候我会这样说：在苏州河边上，我有一个地方，那个地方有食物，有很多有趣的主题活动，我遇到了很多人，那个地方发生了很多故事。那个地方叫厨房，如果你看过"海鸥食堂"，如果你以后来到这里，就会知道，在现实当中，是有一个这样的地方存在的。

Day 1：如果这是一个被恩赐的 30 岁

我有一家西式的餐厅，名字叫"娜娜的厨房"，当时为什么取名叫厨房，其实也没有想，大概是在来上海的很多年里，我一直在给很多人做饭，在各种各样的厨房里做过饭，对我来说，在厨房的时候是最舒服的状态，它是最适合我待的地方。

千万不要以为我做饭很好吃。不不不，我觉得自己在做饭这件事上，天分不太够，可是，将近10 年的时间里，去的最多的地方是菜市场，就算会做的菜不是很多，可是依然是很高兴地做饭，也会高高兴兴地把做好的饭菜端给别人吃。

后来，我有了一家自己的店，我成了一个老板娘，有了厨师，也见到了很多各种各样很厉害的厨师，我会做的饭菜依然是那么几样，在做菜这条道路上，我似乎一点进步都没有。

决定要开厨房的时候，店面还没装修，没有凳子，旧的桌子一两张。那是 2014 年 3 月 14 日，白色情人节。其实我什么都不会，至于怎么开店，我一点概念都没有，可是啊，我就是想对好多人好多人说：我要开厨房啦，你看，我有一个属于自己的地方了。

>> 215

那天来了 40 多个朋友，他们从城市的各个地方来，甚至，朋友带来了自己的乐队，吉他、鼓、音响。我一个朋友叫小雅，她做很好吃的素食，为了那天，她连续准备了三天，每一个面包，每一个甜点都是自己手工做的。我要创业了，天哪，大家好爱我。

为什么会爱我啊？后来朋友打趣说：因为你很傻啊，什么都不会就敢做这样的事。我的哥哥，他叫 Ting，那天，他对来的所有人说：娜娜她要做厨房了，这个傻姑娘什么都不会，可是不知道为什么，我还是相信她。

那时候，我爱着一个人，那天，我还邀请了他，我想让他见证我的喜悦，那时候，他还不怎么爱我，应该只是有一些些喜欢吧。我什么都说不出口，见到他只是觉得好开心，一直对着他笑。他被我笑得特别不好意思。

我以前的同事，他们凑钱买了一口无印良品的锅送我，我欢喜地收下，打开锅盖，里面装满了新鲜的玫瑰花瓣，白色的玫瑰花，盛开在一口煮汤的锅里。玫瑰花上有一张卡片，上面写着：娜娜，愿你永远拥有厨房和爱，还有梦想。

卡片的背景是以前公司的厨房，那个厨房在上海的一栋老洋房里，因为我们是创意类的公司，所以大家喜欢在这样的氛围下办公，老洋房的一楼有一个厨房，我是公司的行政，那时候，公司刚创业，我事情也不多，没事的时候就给大家煮汤，所以每当下午的时候，公司里都有下午茶，是的，那时候我对公司唯一的贡献，就是喂饱了每一个人。

正经的工作就不说了，我肯定不是那个被老板在会议上夸奖的人。

就这样，我在三年前的那个白色情人节，开始了人生新的起点。我并不知道，那时候，命运里有个"砰"一样的声响，然后天上的星宿改变了。

30 岁。我有了一个自己的店，在上海的苏州河边上，这个地方啊，一点都不适合开店，因为开了好几家都倒闭了。它没有人流。厨房外有露台、花、树，有苏州河，它真的很好看哪，可是所有的人说，它一点都不适合做生意。

会倒闭的。他们说。

我哥问我：你要怎么样开始呢？要先做调研吧，看看周围有没有办公的人，有没有居民能来这里吃饭。你不能坐在这里等。

我不知道怎么做，包括做调研，我说哥我什么都不做，我就在这里，来一个人就照顾一个人。

哥笑笑摇摇头，可是他啊，打击我的话一句没说。

就这样，我在这里停留了下来，然后，我哪里都没去，然后，我等来了第一个客人，然后，我等来了二个客人、第三个客人、第十个客人、第一百个客人。

快三年了，厨房没有倒闭，我等来的不只是客人啊，我等来的，是一个完整的世界。

Day2：对不起，我只会做鸡蛋三明治

我喜欢《深夜食堂》这部日剧，里面有鸡蛋三明治的做法，鸡蛋切成丁，加入盐、色拉酱、黑胡椒拌匀。取适量放在吐司的中央，盖上另一片吐司，切成三角形即可。

它是简单的，又好吃。

2014 年的春天，小区里的樱花落满了地，一夜之间，樱花落满了一辆黑色的车，大家纷纷驻足，停留在一辆铺满樱花的车前，赞叹一下它的美。

我和小助理 Rikki 因为都不是专业厨师，刚开张的时候两个人第一件事是学做食物，学的第一道食物是鸡蛋三明治，拍照的时候，Rikki 捡了一些樱花花瓣，洗干净，放在三明治的旁边。

Rikki 还在读大学，厨房开业的第二个月她刚暑假，就过来帮我，整整两个月，白天黑夜地和我待在店里。过了很久很久以后，她也离开厨房很久了，有一次给她打电话，我问她：Rikki，那时候我们每天都在干什么啊？

Rikk 在电话那头咯咯笑，说：那时候，我们两个人每天来到店里，第一件事你就榨两杯胡萝卜汁，你一杯我一杯；早晨你买好了菜，然后我们把面包和蔬菜准备好，等客人，有时候，一天也等不到一个客人。

给她打电话的时候，我正在厨房准备一个满场的生日会。人气越来越好的时候，我已经不太记起刚开始的日子。

但是，我却永远都会记得厨房的第一个客人。

是个男生，后来才知道，他和我年纪一样大，他第一次出现在厨房的时候，我和 Rikki 都很紧张，他问我：今天有什么吃的？

"鸡蛋三明治。"

"还有什么吃的？"

"没了呀。"

他很好奇，这到底是怎样的一家店，可是，他却什么都没问，他看了一下四周，说：那就三明治。

这是第一次，后来的连续一个星期，每天中午都会来，每次都吃三明治。

慢慢地熟悉了，知道他就住在厨房的附近，工作的地方也在厨房的附近，而在他工作园区的楼下，就有一家西式简餐店，里面有各种三明治各种意大利面各种喝的饮料，有一次，我实在忍不住，问他：你为什么要转那么大的弯来这里吃饭？

>> 219

他回答我，语气是平淡的，也是认真的，他说：觉得你们两个好认真，挺不容易。你们的蔬菜很新鲜，能吃到新鲜的蔬菜就已经很好了。

是的，我们的蔬菜是新鲜的，每天早上，我都会去菜市场买菜。Rikki 说：其实，他只是想照顾我们生意。

这样的一个客人，后来带来了他的很多朋友，他的兄弟，还有他的同事和上司。我不知道为什么他会这么支持厨房，可能是出于恻隐之心吧。有人问我，那时候为什么不请个厨师呢？

答案很简单，我根本请不起啊，我也不知道，我能不能养起这个店，根本不敢请人。

从来没有想过开店，可是我的命运里出现的这样的一件事，它是各种因缘组成的。只是它出现的时候，我没有犹豫，我接住了，也接住了自己的命运。

记得有一次，他带来上司的那次，我心血来潮地自己烤面包，他的上司是个中年人了，他说我们可是拐了好大的弯才来到这里的，我来尝尝你做的面包。

我端上来面包，他吃一口，说：烤得太软了，我刚从法国回来，法国的面包啊，是真的好吃。

不知道为什么，我生气了，做一顿饭多不容易，就是不能接受他这么说，我直接对他说：有的吃已经不错了，你还挑什么。

如果说三年后的我已经可以得体地处理很多事情了，如果说现在的我更像一个老板娘的样子，可是，刚开始的我，幼稚得很，根本不知道怎么应对客人。

是的，上司被我说愣住了，他没想到我脾气那么拧，说了一句话，我就顶回去了。那时候我自己也在想，完蛋了完蛋了，他以后肯定不会来的。

是的，他再也没来过。

我心里是有一些后悔的，觉得自己态度不好，但是如果再来一次，我应该还是同样的反应吧。

只是，我的邻居，他依然会来，只是，他会问我：娜娜，你有没有学会其他的食物？

我有学会其他的食物，比如做意大利面，可是我做得最多的，还是鸡蛋三明治。

三个月后，厨房的客人开始多了起来，开始有人包场做读书会，一起吃饭，一起读书，有时候，他来的时候，看到很多人坐在厨房里，他都会说：我坐在外面就好，越来越多客人了，很好很好。

他的妻子有时候也会来，妻子是个很好看的女生，有时候看我累的时候，会帮我榨果汁。

说不上是怎样的缘分，就是觉得自己被善待了吧，就算来了那么多次，我也很少和他说话。他坐下来，有时候工作，有时候看书，我端上去一份鸡蛋三明治，有时候煮一碗汤送他，他吃完付钱，离开。

最后一次是什么时候，大概就是2014年的9月吧，他来到厨房吃晚饭，告诉我，要离开上海了，要和妻子去瑞士，妻子怀孕了，生下宝宝，以后可能会去成都定居，也许以后还会来上海工作，也许不会。

他走了。他是我的第一个客人，他用他的方式给了我鼓励。

每当想到他的时候，心里就会觉得温暖，在这两年里，我看到他们家的孩子出生，是个女孩，叫葡萄，小葡萄已经一岁多了，是个可爱的孩子。

有时候他们夫妻俩会让我去成都，他们说成都有很多好吃的，如果你累了，可以来成都玩。

我说好，可是有一家店，是走不开的。我还没有成家，我还没有孩子，可是在某种程度上，养一家店就像养一个孩子，得有一颗母亲的心。

我想过，如果有一天他们回到上海，带着小葡萄，我给小葡萄吃什么呢？虽然现在厨房有各种各样吃的食物了，有厨师了，可是，我还会再做鸡蛋三明治。用现烤的面包，把鸡蛋煮熟，切丁，加盐，加一点点黑胡椒，切成小小的块，喂小葡萄吃。

我会亲自下厨房，就像三年前的我一样。>>>>>>>

↑｜依山而建的房屋，托脱贫攻坚的福，右边的沙石路做成了水泥路

与贫困抗争的 30 种姿势

Vinney

每天划过心头的千万个感想、感触、感动、感恩，落到指尖变成掷地有声的文字，发现与总结，成了每日半小时的固定仪式。原本只想通过每日书治疗拖延癌，药方却成了药引，搭配仪式感一起服用，收获了 30 份见证乡村怡然自得与自立自强的主题记录。

以上，一个扎在乡村的城市姑娘。

Day 1

2016 年 4 月 13 日，我的生活重心转移到南方乡镇的一个贫困村——坡教村。之前，只要买些稍贵的东西，我们就会打趣要过"吃土"的日子。但是当时所谓的"吃土"生活也不过是三餐包子馒头罢了，到此之后，我才发现先前的想法不过像新闻里指着穷人问爸爸"他们为什么不吃麦当劳"的小孩那样幼稚可笑罢了。

那一天，我穿过乡镇最热闹也是唯一热闹的路口，沿着连续几个 40 度大斜坡上行百米，右手边儿一座白瓷砖墙的教堂，庄严明亮的金色十字架在尖房顶上，和其他裸露着红砖蒙着一层浅灰色泥尘的民房相比，它像一位身着白旗袍颈戴黄宝石的女士鹤立于衣衫褴褛的人群之中。如果在坡上遇见爬坡的满载的大卡车，你可得远远地让着，它笨重的身子随时会后滑把你压倒。

>> 223

大坡过后，路况并未好起来，上上下下的坡不时跳出来，路面宽从 5 米渐渐地仅剩 3 米。常有老乡们养的牛羊鸡鸭在路上闲庭信步，即便再急于赶路的人们也会被它们优哉游哉的步伐感染而慢下来。当然，你也不得不慢慢走。

路悬在半山腰，一边是高山，得随时警惕从天而降的落石；另一边是山谷，稀疏的矮石墩沿路趴在地上象征性地保护着，多往下看两眼腿便直打战。8 月雨水多，充当石头黏结剂的泥土被冲走，落石也多，一名乡里的卫生员从村里出来不幸因此遇难，据目击的乡亲说，落石打中了摩托车，人飞弹几米高后掉到山下，当时还喘着气，救护车送走的路上便没气了，只剩摩托车残骸遗留在地上足足一个月。有人说是山羊吃草太多导致泥土流失石头松动，也有人怪他不该在雨天出行，这是大家都明白的道理。

空旷的山间不时回荡着喇叭声，短促的鸣笛是老乡用来代替挥手打招呼，声音长些就是在警示危险了。多修几个会车点一直是乡亲们的愿望，现在的路只能紧巴地够两车交会，还得关了车耳朵减小车身宽度，不然不是剐蹭爱车就是溜山谷里。即便如此，乡亲们对现有道路已十分感恩，若不是当年国家领导人给这儿花了几个亿修路，这儿的人只能靠扁担挑篮双腿一步步走出去。

一直往里走 13 公里，绕几个 360 度的弯，经过一片甘蔗地和玉米地，看见一条灰黑色的弧形铁轨在一片绿意里延展开来，坡教村就到了。

↑ | 孩子们写在门上的歌词

↑｜木头砌成的"综合办事大厅"

自此，我以一名扶贫工作者的身份到了坡教村，我的人生便与此地有了不言而喻的联系。

坡教村在瑶族自治乡的西部，大石山区。村民住在四面高山的盆地里，房屋依山而建，风从众山间隙窜进茅草屋。这里有山地15000亩，而耕地却不足山地的1/15，两百多户村民世世代代依靠这人均不足1亩的耕地生活。他们祖上原都是一个祖先，为躲避战争寻求清静便在大山里扎了根，再开枝散叶，便有了这村庄。可这村13个屯之间竟连基本的泥土路都没有，老乡们要走村串户，也只能右手挥舞镰刀，左手拨开野草硬生生开出一条能走的山路。凌晨4点出发，能在午饭前赶到最远最深的屯。村里500多名劳动力大半都离家外出务工，只剩一些顾家顾孩子的妇女、年老力衰的老人、牙牙学语的孩子。如果看到年轻力壮的男人，要么是家里窘境拖住了他，不得不在村里务农，要么是天天酒不离身的懒汉。

所幸今年国家大力扶贫攻坚，有政策支持帮助，留在家的男人多是在建房修路，一片欣欣向荣。

现村部所在的破旧危房，原为小学，当年教学改革，这仅有的教学点也已撤并，孩子们得到县城、乡镇或附近的村上学。最近的教学点离村子 19 公里，放学时间便能看到孩子们光着脚丫迎着风奔跑回家，不跑起来就没法儿在天黑前回家吃上热乎乎的晚饭了。

来访的人打趣道，老乡的房子是综合办事大厅，外面是粮食局，一楼是畜牧局，二楼是人事局。在这样的玩笑下，老乡的房子似乎是高大上的大楼，其实只是外面种田、一楼养牛、二楼住人的茅草屋。走在楼上，房子发出咿咿呀呀的声音，仿佛脚力重点就能踩出个大洞。房子大多有几十年的历史，盖房子的人一定是手工好的匠人，用的是咱老祖宗的榫卯结构，不用一钉一铁，纯木头茅草建造而成。

乡镇上有一家两面通开坐落在十字路口的小卖店，就是那个唯一热闹的十字路口，只摆了两个靠墙的货架和一个冰柜，面积却比一些 7-11 便利店都大。老板大概是一个享受生活大于赚钱养家的人，所以才会在小卖店中间大片位置用来放两张躺椅和几张板凳，生意来时有一搭没一搭地招呼着，更多是和乡亲们聊天或扇着扇子躺着放空。

小卖店和隔壁的牛奶店都卖自制的甜绿豆汤，两位老板娘都喜欢推荐这款消暑佳品，也都会略带炫耀地补一句："这可是我自己做的，只加了糖。"不同的是，小卖店的绿豆汤卖两元钱一杯，牛奶店只收一元钱。

←｜今年新盖的砖混楼房

→｜村民家中随手写在墙上的话，家里
一定是有读过书的人

的确，三伏天在田里晒了太阳来到镇上，我最爱来一杯绿豆汤，饥肠辘辘时，配上马路对面的特色鸡肉粉，晒得发红发烫的皮肤都被救赎了。最高纪录是一次四杯绿豆汤下肚，隔着肚皮都能感受到肠胃沁出的清凉。牛奶店老板娘热情大方，等县乡公交的间隙我常去店里买杯牛奶聊聊坐坐，次数多了也就相熟了，小菜水果也常招呼我一起吃，所以这些自制的食物也才半卖半送给我。

她挺有商业头脑，也能及时嗅到商机，在乡镇里做的也是牛奶这种"高端"买卖。可听她说最近不打算再卖牛奶了。越来越多人用淘宝，但快递只到县城，每天往返一个半小时到县里帮客人取回来，两元钱一件跑腿费，大件再收贵些，这样更赚钱。我没问她能赚多少，每次去都看见几十个包裹躺在地上，生活应该不会很差。在事业上投入过多精力的女人常常难以兼顾家庭，她也一样。儿子成绩不好，小升初考试好几门不及格，想靠成绩把孩子送到县城念书的希望也落空了。这个年纪的孩子不懂得着急，还是天天在店里唯一的电脑前打游戏。

只有她一个人急得团团转，但也无可奈何。她只希望自己现在刚上幼儿园的女儿将来能够成为一名乖乖的淑女。

→ | 乡亲们手里是村里特色玉米酒，他们打招呼的方式是"来我家喝碗玉米粥"，潜台词其实是"来我家喝碗玉米酒"

关于中国三明治

中国三明治（China30s）成立于 2011 年 3 月，是中国领先的非虚构写作平台，倡导普通人进行"生活写作"，记录当代中国故事。

中国三明治是指这么一批人——像我们这样，30 岁上下，感受到来自事业、发展、生活、家庭等多层次压力，同时又试图保留自身理想的一群人，也就是"三明治一代"（the sandwich generation）。三明治一代是第一代思考并寻找属于自己的生活方式的中国人。

多年来我们报道采访了上千位三明治个体的精彩故事，并建立了一个多元化、国际化的写作者生态系统。我们为写作者提供各种创意的写作服务和培训课程，帮助他们逐渐成长为专业的写作者。

网站：www.china30s.com

微信公众号：china30s

三明治写作产品

写乎，是一个非虚构生活写作相关的社群，把佳作鉴赏、创作访谈多种方式融汇到一起，展开线上分享，为更多写作爱好者带来一个沉浸式学习体验，适合入门级写作爱好者小白、打算长期锻炼写作并需要同伴陪伴激励的朋友，以及非虚构写作爱好者。

每日书活动是由中国三明治发起并组织的写作习惯养成活动。参与者可以从三大类生活写作主题中任选其一：日常、旅行、美食，进行连续30天的主题写作。每日书活动旨在鼓励每位写作者从各项沉闷繁重的生活日常当中脱身而出，坚持养成自己的写作习惯，形成更流畅自如的个人文字风格。

中国三明治举办了近百场线上写作工坊，近千名爱好写作的学员在一起研习写作技能，通过笔尖寻找自己，记录生活。在路过光影交汇的时刻，他们把自己的生活抽丝剥茧，写下耐人寻味的文字，让写作成为一种生活方式。

破茧计划，是由中国三明治在2015年发起的非虚构写作项目，也是国内首个大型非虚构写作计划，每年一期。所有爱好非虚构写作的写作者均可申请，每期有16名学员通过选拔，在媒体、写作领域资深导师的指导下，记录有关当代中国的人物故事、城市变迁乃至创新文化议题非虚构故事。